U0051707

JADE APPRECIATION AND CHOOSE

翡翠鑑賞選購事典

專業珠寶翡翠鑑定師

戴鑄明 / 編著

笛藤出版

作者簡介

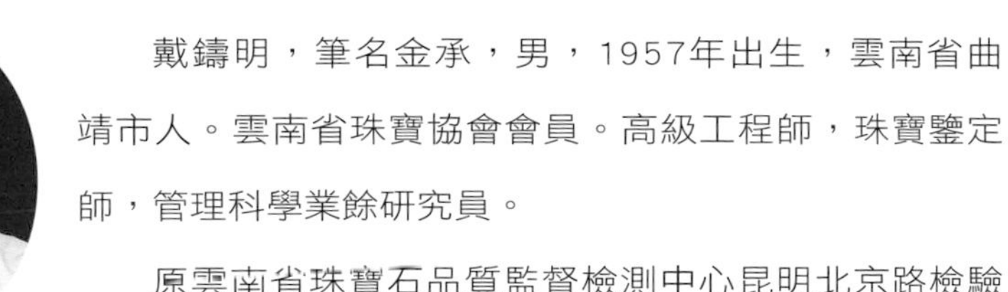

戴鑄明，筆名金承，男，1957年出生，雲南省曲靖市人。雲南省珠寶協會會員。高級工程師，珠寶鑒定師，管理科學業餘研究員。

原雲南省珠寶石品質監督檢測中心昆明北京路檢驗站、仟村百貨檢驗站、東風路檢驗站負責人；雲南省珠寶玉石飾品監督檢驗所主要組建人之一，曾任該所首任技術負責人、業務室主任等職。現工作於雲南省產品品質監督檢驗中心。

在第一線的珠寶檢驗工作中，親自鑒定、檢測了近十二萬件翡翠，一萬餘件其他寶石飾品（鑽石、水晶、紅藍寶石、軟玉等），綜合運用多學科知識，解決了多起涉及歷史、文化、人文等諸多因素的珠寶鑒定方面的重大疑難問題。

在學習和實踐過程中，發表了《對翡翠品質定量評定的探索》、《應逐步建立珠寶玉石標準體系》、《對翡翠地張內涵的探討》等20餘篇科技論文和科普文章，為珠寶行業的發展和科技進步作出了努力。本人事蹟及科研學術成果入選《中國專家大辭典》、《世界科技名人錄》、《中國當代思想寶庫》等書典之中。

讓大眾了解翡翠
應翡翠走向大眾

乙酉年仲夏書

序

近十多年來，我國珠寶專家及科研人員對翡翠的研究達到了世界領先的水準。在我國的許多地區，人們對翡翠的認識、鑒賞較20多年前已大幅提升。

翡翠飾品已是廣大消費者及成功人士的首選，這促使翡翠的價位不斷上升，使翡翠市場一片繁榮。目前我國翡翠飾品的交易額大約在200億上下，它只占全國珠寶總消費的五分之一不到，所以翡翠的消費空間還十分巨大，就看我們怎麼認識、引導、開拓、創新這一塊市場。戴鑄明先生的《翡翠鑒賞與選購》較為全面、系統地論述和介紹了翡翠世界的方方面面，將使廣大消費者瞭解翡翠、鑒賞翡翠，最後妥當地購買翡翠。在珠寶科技文化的普及方面，做了一件有益的事。

“黃金有價玉無價”，自古以來成為人們的習俗理念。實際上凡是市場中的商品都是有價的，這只是極少數珠寶商人把翡翠神秘化，成為賺錢的手段而已。目前翡翠市場並非飽和、過剩，而是消費者對翡翠認知不夠，因市場存在假貨或真貨的價格虛高而造成消費者的信心不足。《翡翠鑒賞與選購》不但談常識、談鑒定，同時還緊扣珠寶市場的發展狀況，結合消費者的需求，談翡翠的品級高低（與價格有關）、談鑒賞，和以往的翡翠書籍相比較，這是一本有繼承、又有創新，觀點獨到、雅俗共賞的讀物。

翡翠的學問很深，只是翡翠的“色、水、種”就會把消費者搞得雲裏霧裏，一頭霧水，但我們只要抓住翡翠“綠色”的偏與正，“水”的透與否，“種”的好與壞，就可深入淺出的大致瞭解翡翠的質量和品質。相信《翡翠鑒賞與選購》一書的出版，對認識翡翠能產生良好的影響，是一部十分有用的翡翠消費領域裏的參考、指導性工具書。

翡翠是東方之瑰寶，深受國人的喜愛，翡翠文化是玉文化發展的最高層次，白玉文化代表著過去幾千年，而翡翠文化卻代表著今天及未來。翡翠不僅代表著一種文化、一種藝術，更代表著一種品質；翡翠代表著一種自然美、一種物質和精神的財富；翡翠也代表著一種精神世界，相信我們看了《翡翠鑒賞與選購》一書後會有同感。

戴鑄明先生從事產品品質檢驗工作，為了珠寶翡翠產業、為了翡翠市場的規範和繁榮做了許多有益的事，提了許多寶貴的建議。幾年前他寫了這部關於翡翠的書，多次徵求我的意見，我表示大力支持。站在質檢工作的角度寫翡翠很難得。此書有深度、有實用性、有新的觀點，為了翡翠業的興旺和繁榮，為了雲南特色產業的發展，我樂以為序。

時間匆忙，言不盡意，寫了以上個人觀點，就算我對《翡翠鑒賞與選購》一書的讚許吧，願這部書能早日與廣大消費者見面。

摩　仗

前言

東方人愛玉，中國是玉文化的發源地，是玉器消費大國。產自緬甸的翡翠，是玉石大家庭中的佼佼者。明末清初，翡翠大量地進入中國之後，以其特有的質地和美麗，很快就與中國的玉文化相結合，受到了國人的青睞，被人們尊為“玉石之王”。翡翠不只屬於緬甸，不但是雲南市場中的特色商品，翡翠還屬於世界上一切愛玉、賞玉，具有愛美之心的消費者。隨著社會的進步，昔日只為少數人所專有、所把玩的翡翠飾品，已逐步進入千家萬戶，進入尋常百姓家，愛玉、戴玉、藏玉、賞玉之風更趨向普及和大眾化。不同檔次、款式和品位的翡翠飾品，已越來越受到廣大消費者的喜愛。

《翡翠鑒賞與選購》是一本以科學知識和實踐經驗為基礎，珠寶科技與文化相結合，具有知識性、實用性、趣味性和獨到見解且雅俗共賞的科普書籍，書中較為全面地介紹了關於翡翠的情況和知識——識別、鑒賞、品質評價、市場選購乃至與珠寶消費有關的法律法規等等。寫作主要是從以下幾點來考慮的：

❶書籍定位為一般大眾，而不僅僅是面對少數專家學者、珠寶商和藝術家。所以它必須具有實用性，具有通俗易懂、雅俗共賞的特點。

❷應該讓一般民眾讀得懂、買得起、用得上。

❸書中的知識和方法，應該長久地適用，而不是時髦一時、熱鬧一

陣的應對文本。

❹書中的內容應雋永簡練——濃縮科技、文化的精華，使人易於閱讀，便於理解，難以忘懷並感到餘味綿延。

❺書中應有獨到的見解，應有新的、正確的觀點。既總結、概括各家各派的學說經驗，也能言前人所未言。書中一方面介紹了我們在翡翠消費中有實用意義的知識、技能和方法；另一方面又探討了珠寶行業長期存在且必須妥當解決的問題。

❻應該反映事物的歷史存在、現實狀況及未來發展的趨勢，使人們瞭解其源頭，看到現況並對將來充滿信心。

由於珠寶玉石，特別是翡翠商品的特殊性，目前真正瞭解珠寶玉石知識，能識別、欣賞和適當選購翡翠飾品的人還不算太多，相當一部分人在生活改善之後想買幾件稱心如意的翡翠飾品，但卻不知從何入手。在琳琅滿目的珠寶翡翠飾品中，一些以假充真、魚目混珠的贗品，有時確使人難辨真偽。而面對著看不懂的珠寶、翡翠，不少人欲購又止，敬而遠之。為了維護消費者的利益，促進翡翠市場的繁榮，無論是廣大消費者或珠寶商，都希望能看到新的、實用的翡翠科普讀物。

作為一個科技工作者、翡翠研究者和產品品質監督檢驗人員，筆者在從事珠寶玉石品質監督檢驗的工作過程中，對翡翠市場的發展狀況和存在的問題目有所見、耳有所聞，深感消費者在購買翡翠前，需要獲得更加簡潔、明瞭的答案；深感翡翠科普工作的重要性和迫切性，深感科技專家不能僅僅滿足於站在專業的角度上，自上而下的、用專業的語言或通俗語言就科技而論科技——這樣的形式已經不能滿足公眾和社會的需要。今天的珠寶科普，必須站在大眾的角度，讓科學與文化、讓精神與物質，讓現實與歷史、讓消費者與商家共同攜起手來，共同瞭解、共同探討因科技和文化的發展而帶來的令人興奮、也讓人困惑的問題。社會的責任心和使命感促使自己在工作之餘，在節假日中不敢有所鬆懈，在汲取、歸納前人科技學説成果，總結自己及師長、同事珠寶玉石科研工作和檢驗工作經驗的基礎上，歷時六年，數易其稿，終於完成了本書的編著，實現了筆者多年的一個心願。

由於翡翠飾品質量問題較多，以及過去真正針對消費者撰寫的珠寶科普讀物並不太多，使人們對翡翠產生了過多的神秘感，似乎翡翠永遠深不可測，翡翠行業到處危機四伏。其實，只要具有一些興趣，具備起碼的知識和觀察能力，翡翠是能夠被大眾所瞭解、認知的，況且，當今科學的鑒別方法、法定的珠寶品質檢驗機構和不斷完善的法律法規體系，已為識別真假、懲治欺詐提供了可靠的保障。普及科技文化知識，宣導正常消費，是筆者編著這本書籍的主要出發點。如果看了這本書籍，能對消費者認識翡翠、購買翡翠、瞭解翡翠市場有所幫助，那麼，筆者便感到欣慰和滿足了。

在完成這本讀物的過程中，得到了有關領導、得到了雲南省珠寶玉石飾品檢驗所領導和同事的支持；得到了雲南珠寶界摩伏、馬羅磯、張金富、牛華、施加辛、張位及等專家的支持與指點，得到了雲南出版界胡平、張永宏、章建國、王韜、鄧玉婷、沈洪瑞等先生和朋友的幫助。

其中昆百大珠寶的馬羅磯先生，在如何使翡翠科技知識結合市場實際、怎樣識別市場中的假冒翡翠，以及如何使翡翠走向廣大消費者等問題方面，提出了很好的意見。對於這些專家、領導和師友的支持，在此我表示衷心地感謝。

愛因斯坦曾經説過：「我每天上百次地提醒自己，我的精神的、物質的生活，有賴於別人的勞動，其中既有活著的人，也有已經不在這個世上的人；我必須盡自己的努力，以同樣的分量來回報我所領受的和至今還在領受著的東西」。所以，我願將自己的見識、體會、思想觀點和經驗不加保留地貢獻，與人們共享。書中也參考引用了有關專家、師友的觀點和研究成果，在此一併致謝。由於筆者的學識水準有限，書中所持的觀點可能有不當之處，在整本書中疏漏、顧此失彼的情況肯定存在，敬請專家、商家和廣大讀者給予指正。

作　者

CONTENTS

彩圖集

一 常識篇

二 鑒別篇

三 品質篇

四 欣賞篇

五 選購篇

翡翠仙子

美麗吉祥的化身，高21cm，價值80萬人民幣（摩佽圖）

翡翠吊墜

色澤正、質地佳、水頭足、設計好、做工細，是難得一見的高檔翡翠（據《中國寶石》2000年/4期）

翡翠項鏈

此項鏈在1994年10月31日的佳士得秋季拍賣會上，以3302萬港元成交，打破當時拍賣翡翠的世界紀錄。它由27顆直徑為15.4~19.2毫米珠子組成，鏈扣由紅寶石、鑽石組成（據《中國寶石》1994年/4期）

翡翠觀音

美麗、端莊、大方和冰清玉潔的形象，體現了東方女神的風韻（昆明龍氏珠寶供圖）

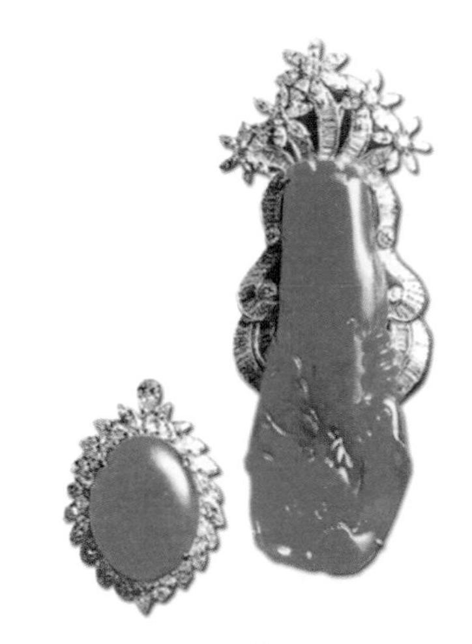

翡翠吊墜、胸花

用料好、做工好、內蘊神采，是市場中高檔的飾品（昆明天寶首飾供圖）

龜鶴延年

翡翠原料紫中帶翠，神龜、仙鶴、南山、青松，寓意十分吉祥（《中國寶玉石》2001年/1期）

金龍玉女

此翡翠玉佩突破了常規的表達方式，是傳統藝術與現代藝術的較好結合，寓意龍鳳呈祥（《中國寶玉石》2001年/1期）

現代風格的翡翠首飾

簡練、高雅、富麗是其基本特點（據《中國寶石》1996年/3期）。

翡翠的祝福（昆百大珠寶供圖）

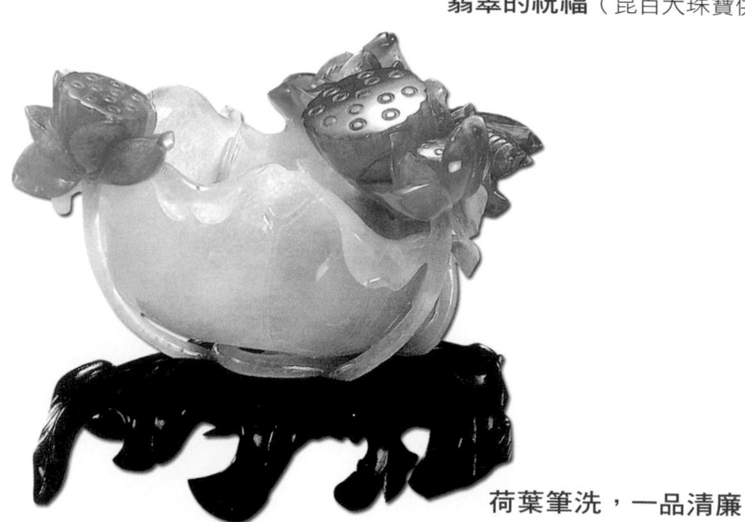

荷葉筆洗，一品清廉

蓮與“廉”諧音，蓮，出淤泥而不染（昆百大珠寶供圖）

翡翠雕件：蓬萊仙境

蓬萊是神話中渤海仙人居住的仙山（今山東蓬萊縣北丹崖山），山上有閣，下臨大海。

雕件採用以紫色為底的翡翠作材料，更突出了蓬萊仙境吉祥和浪漫意境：仙山之上，蓬萊閣凌虛聳立，傳說中的仙桃真能讓人長生不老？那高高在上的是玉皇出巡、還是天上仙客……？海邊高山雄峻，山上群峰嵯峨，身旁祥雲繚繞，山腰古松競秀。更有山下眾神仙相聚：快樂、熱烈、自由、奔放。欣賞玉件，使人如臨其境，如沐仙風，人們似可沿著陡峭的山路到達神仙居住的亭閣，登蓬萊閣四望：天高海闊，風光無限，天上人間，盡收眼底。

《蓬萊仙境》由呂琨先生設計，深圳華南珠寶有限公司製作。玉雕大師巧用翡翠色彩，綜合各種雕刻手法，創造了一幅集雄、奇、險、秀、浪漫和莊嚴為一體的人間仙境圖，堪稱稀世珍品。

翡翠四大國寶之一：岱岳奇觀

以東嶽泰山的主要景觀為題材，用翡翠雕刻琢磨而成的擺件。是一塊高78釐米、寬83釐米、厚50釐米，重363.8千克的巨大翡翠。作品中前山突出了泰山十八盤、玉皇頂、雲步橋、竹林亭等名勝奇景；後山突出了亂石溝、避塵橋、天柱峰等孤嶺溝崖。前後兩面構思完美，琢制技藝精絕。

仔細欣賞，但見山嶺雄峻，天下名山巋然不動，堅不可摧。寬厚挺拔的山體，象徵著中華民族堅忍不拔、質樸敦厚、寬仁博大的精神特質，似可觸及到中華民族的剛毅堅強：以宏闊包容萬物，以堅韌自我砥勵，以發奮超越求新的精神風貌；再看林木神秀：青山林木中，掩映著座座梅亭，倒掛的銀河上，映襯著片片雲朵。異獸奔走，仙鶴翱翔，東側懸崖上冉冉升起的一輪紅日，更顯示出這座名山的雄偉氣象，使人不得不讚歎：造化鐘神秀，果然多奇觀！

翡翠雕件：會昌九老

材質為罕見的緬甸優質翡翠，山子高26.5釐米、寬29.5釐米、厚9釐米、重12千克，雖然體積比清乾隆年間用青玉製作的九老圖小了許多，重量輕了許多，但在創作構思、雕刻工藝等方面較青玉九老圖卻有所創新和突破。

作品不但運用了玉雕工藝中多種傳統技藝，栩栩如生地再現了白居易等九位高人深山聚會、宴遊暢快的生動情態，而且巧妙地應用了翡翠玉料的顏色、形狀、質地及裂綹、玉紋、體積等因素，順勢雕刻出遠山層巒疊嶂，近景懸崖峭壁、行雲繚繞、瀑布飛流、青松蒼翠、竹林繁茂、山花鬥豔、奇石崢嶸等山間景觀。欣賞這樣高水準的玉雕作品，堪稱高品味的精神享受。（據《中國寶石》1993年/2期，東方亮）

翡翠胸墜

翠綠欲滴，靈秀四溢，做工精緻，十分耐看。（羅伏供圖）

翠蝶冰鐲

翠綠的蝴蝶，瑩澈的手鐲，相互映襯，堪稱精品。（據臺灣《珠寶界》）

翡翠耳墜

如此豔麗的紫羅蘭色，充滿了青春的活力，難得一見。（龍氏珠寶供圖）

翡翠胸針

用料上佳，金玉相配非常協調，辣椒和豆角寓意生活紅火，人生有成，整個首飾體現了傳統與時尚的結合。（昆百大珠寶供圖）

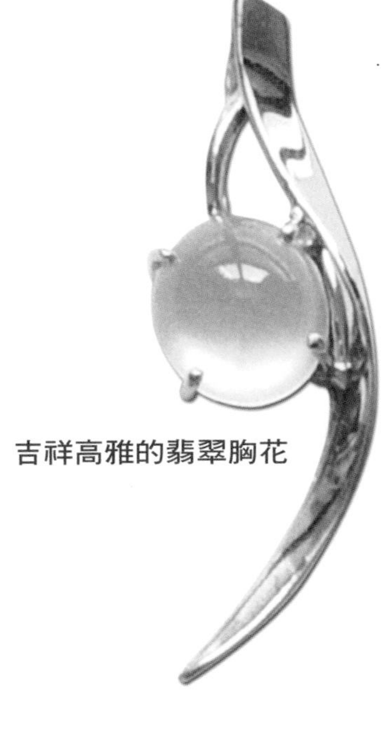

吉祥高雅的翡翠胸花

快樂的童年

翡翠玉料有綠、紅、紫羅蘭三種主色調，顯得十分協調和吉祥，綠寓意希望，紅寓意喜慶，紫羅蘭色寓意幸運、快樂和充滿活力。

玉雕以兒童、果樹、石壁等組成圖案，兒童或天真或頑皮或神態自然，十分可愛，果實累累的樹上抹上了幾片金色的陽光，預示著人生幸福，前景光明。

時尚富麗的翡翠胸墜

喜報如意

喜鵲站在如意之上，構成了翡翠胸針的主題。

碩果累累

喜鵲、南瓜、窩瓜等景物，預示人生豐收的喜慶。（施加辛圖）

龍鳳呈祥、平安大吉

龍、鳳、麒麟和寶瓶等景物，寓意吉祥、平安，財源不斷。

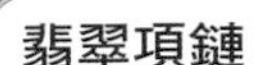

翡翠項鏈

用金把翡翠項鏈與胸墜完美地結合在一起，線條簡潔、流暢、頗有創意。（《中國寶玉石》2000年/4期，陳學偉）

翡翠胸墜

金包玉，顯得富麗堂皇；造型像“中國結”，又似中國聯通的標誌，寓意“路路通”。

盛世觀音

玉料為淺紫瓷底翡翠，底子上有片片綠色，顯得吉瑞、祥和，與玉雕內容十分協調，六手觀音頭戴寶冠，溫柔秀美，太陽、月亮、如意、玉鉞、高山、古松、梅花鹿等組成圖案，寓意欣逢盛世、日月同輝；祝福人間古祥如意，好運年年。（福地珠寶供圖）

翡翠戒指（老坑玻璃種）

翡翠掛件（冰種）

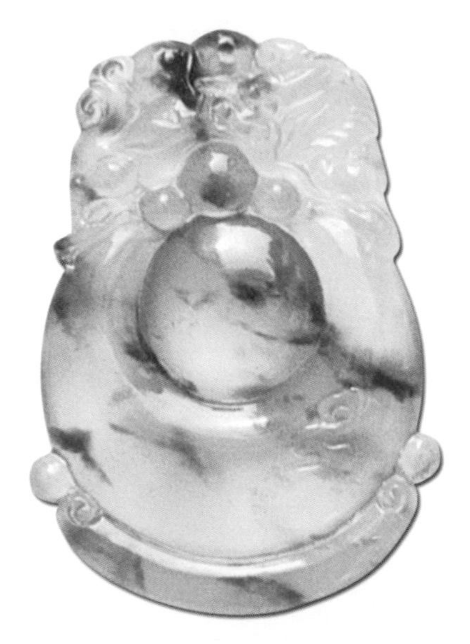

翡翠胸花（藍花冰）

翡翠手鐲（冰底/糯化種）

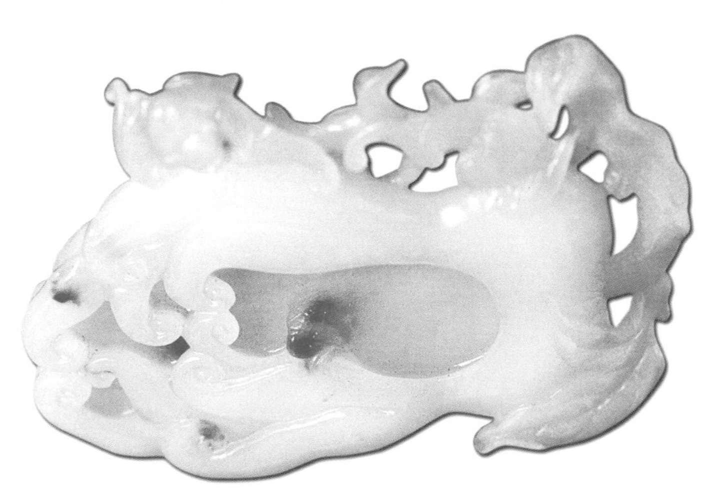

翡翠筆洗（白底青，福地珠寶供圖）

翡翠胸墜（廣片）

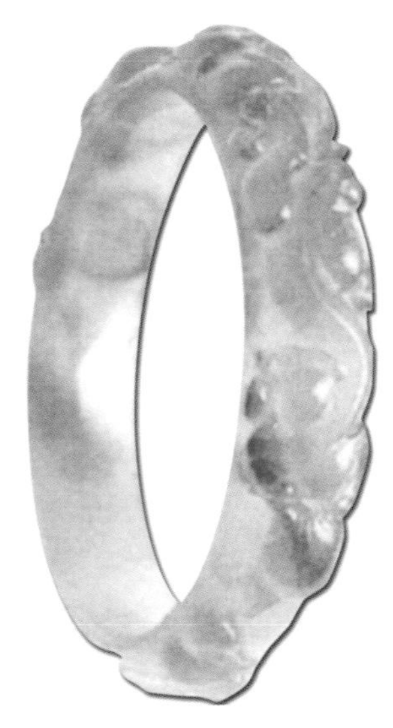

翡翠手鐲（冰底紫羅蘭帶翠，雲南地礦珠寶供圖）

翡翠手鐲（紫羅蘭帶翠）

布袋和尚（青水翡翠）

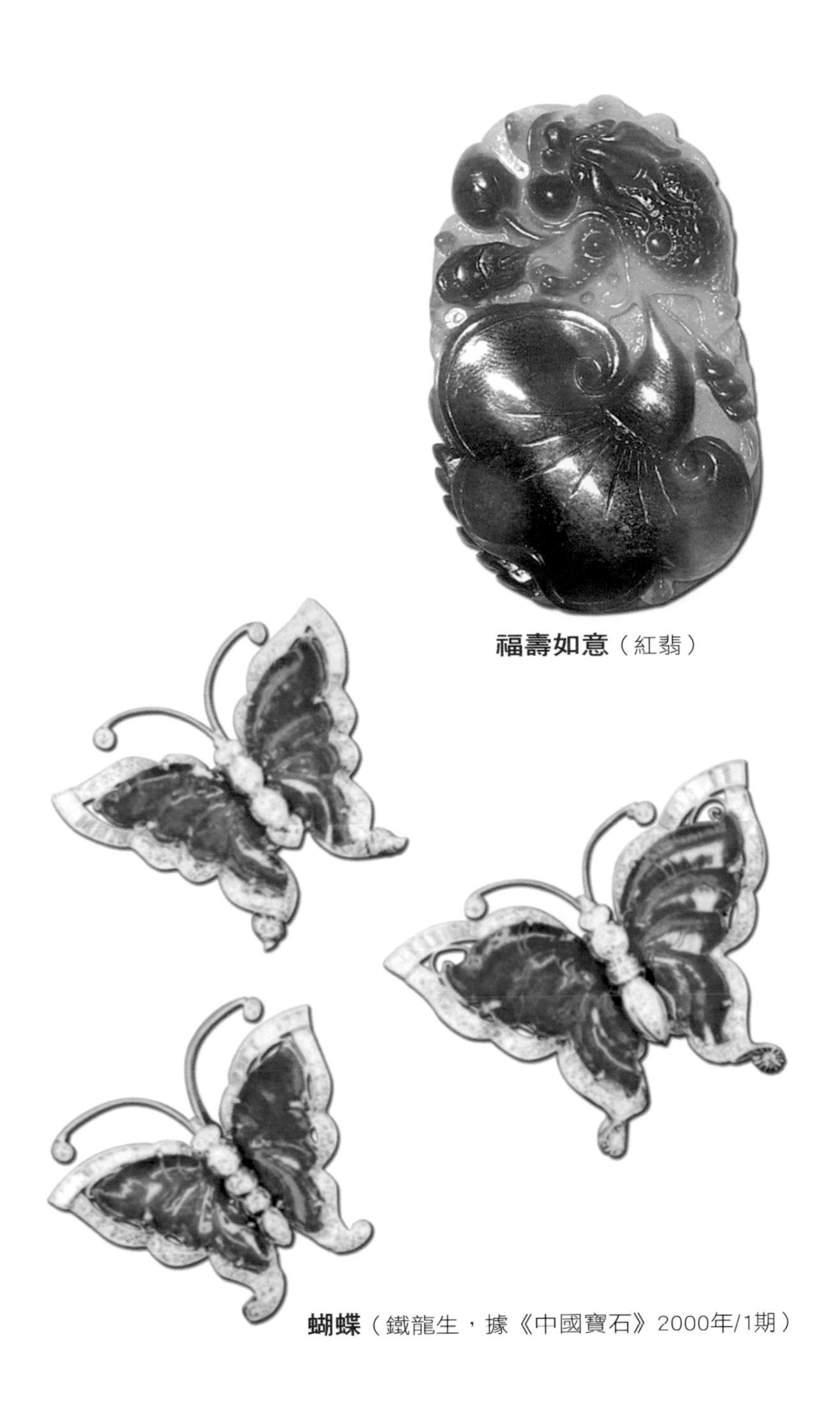

福壽如意（紅翡）

蝴蝶（鐵龍生，據《中國寶石》2000年/1期）

翡翠觀音（乾青）

翡翠觀音（油青）

鍾馗（墨翠）

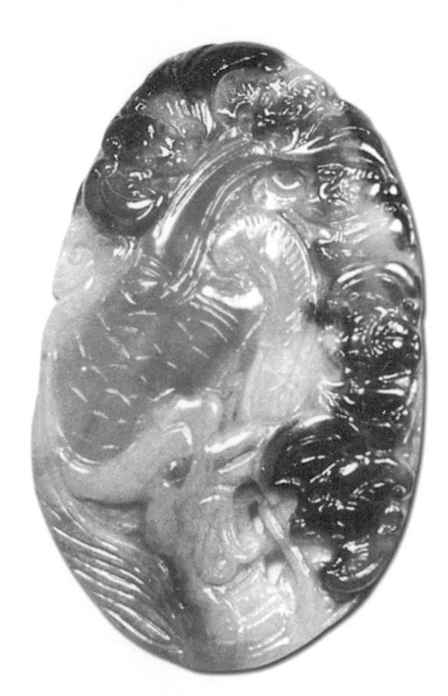

福壽有餘（褐黃翡）

翡翠手鐲（冰種、飄翠）

翡翠手鐲（芙蓉種）

翡翠白菜（馬牙種，昆明萬利福珠寶圖）

麒麟獻瑞（乾青/莫子石）

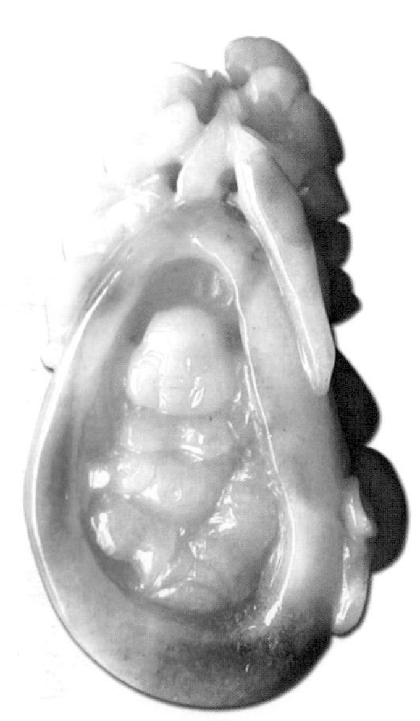

佛在心中（黃翡）

翡翠觀音（茄紫）

巴山玉手鐲

翡翠掛件（藕粉種）

翡翠手鐲（豆種）

翡翠掛件（清水）

翡翠掛件（花青）

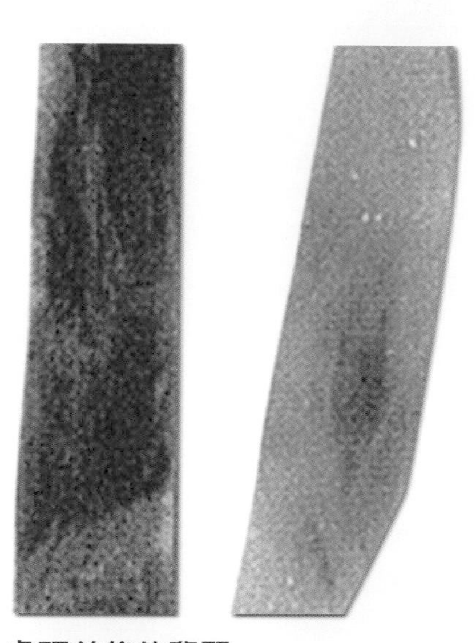

處理前後的翡翠
左：翡翠A，右：翡翠B（金版納供圖）

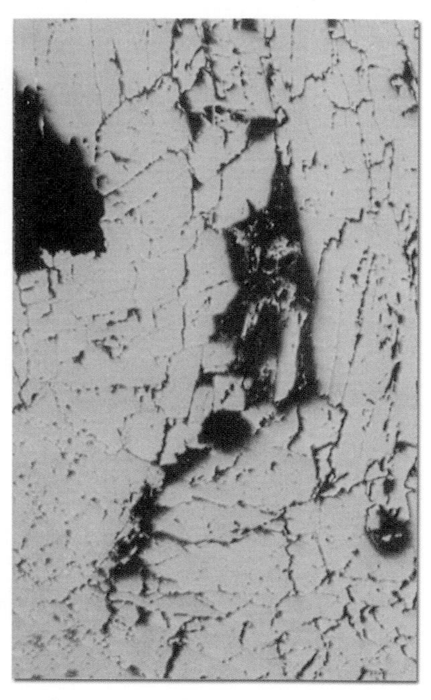

B貨的表面結構
（放大40倍，蘇文寧圖）

鏡下10倍觀察B貨，仍見裂隙（胡楚雁圖）

翡翠B貨 光澤呆滯，缺少靈氣（施加辛圖）

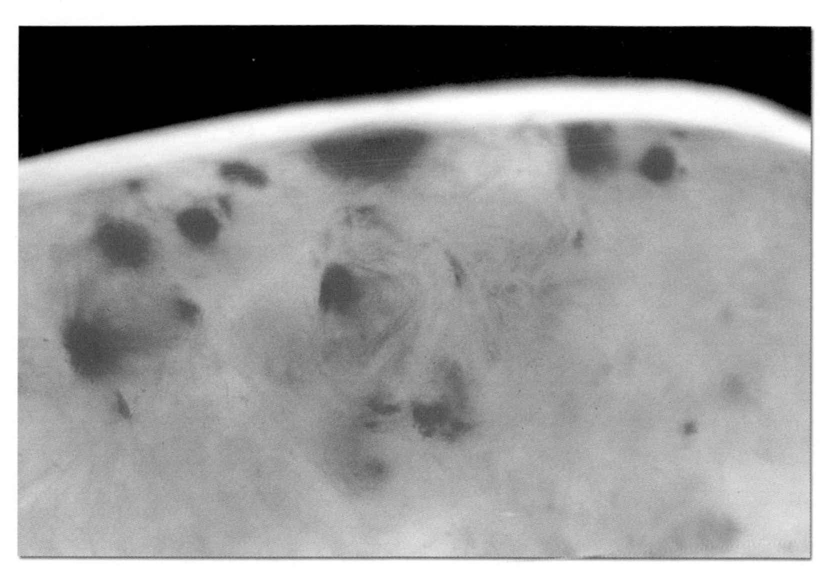

天然翡翠的色根（胡楚雁圖）

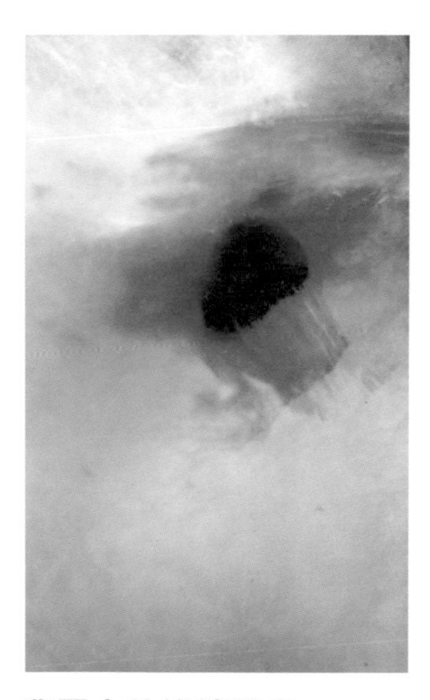

翡翠中的綠隨黑走
（胡楚雁圖）

“高B翡翠” 質地細膩、靈光四溢，但在鏡下觀察則立見原形。

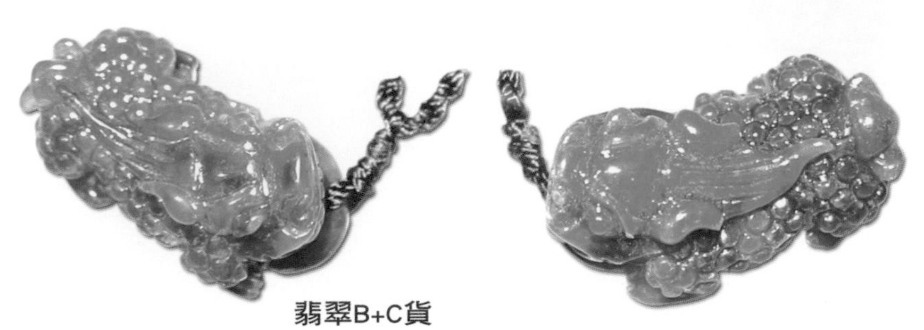

翡翠B+C貨
注膠、染色的貔貅，目前市場上很多，但價格低廉。

注膠染色翡翠 雕工很粗陋。

染色翡翠（翡翠C貨）
質地粗糙、不透明。

曾經魚目混珠的“馬來玉”手鐲

打孔注色的翡翠（B+C貨）
孔口在左部，帶有顏色的膠注入，似有色根。

大理石染色的贗品

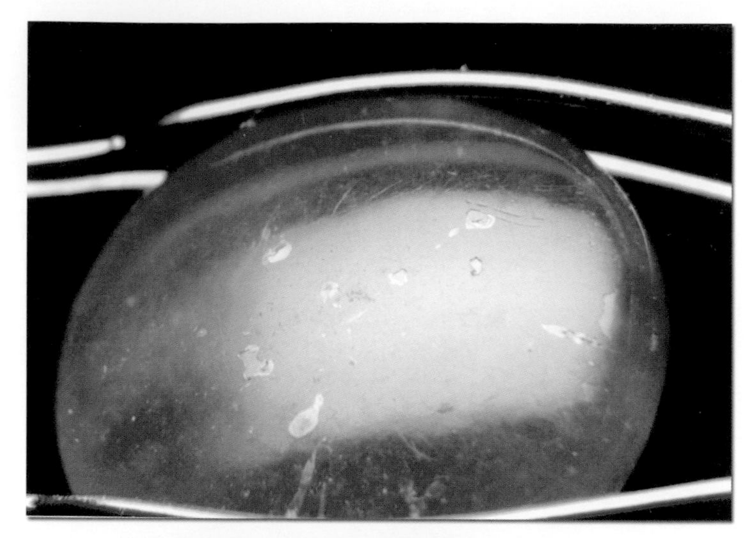

掉皮又掉色，原來是鍍膜翡翠！（胡楚雁圖）

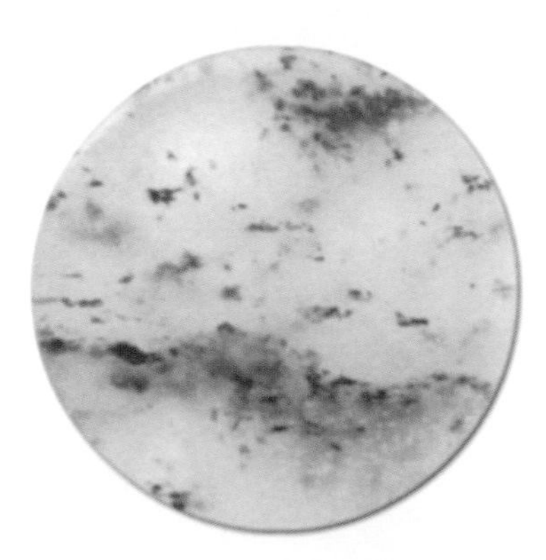

水漠子 做成手鐲可像翡翠啦！

“五彩玉”手串，其實是石英質玉。

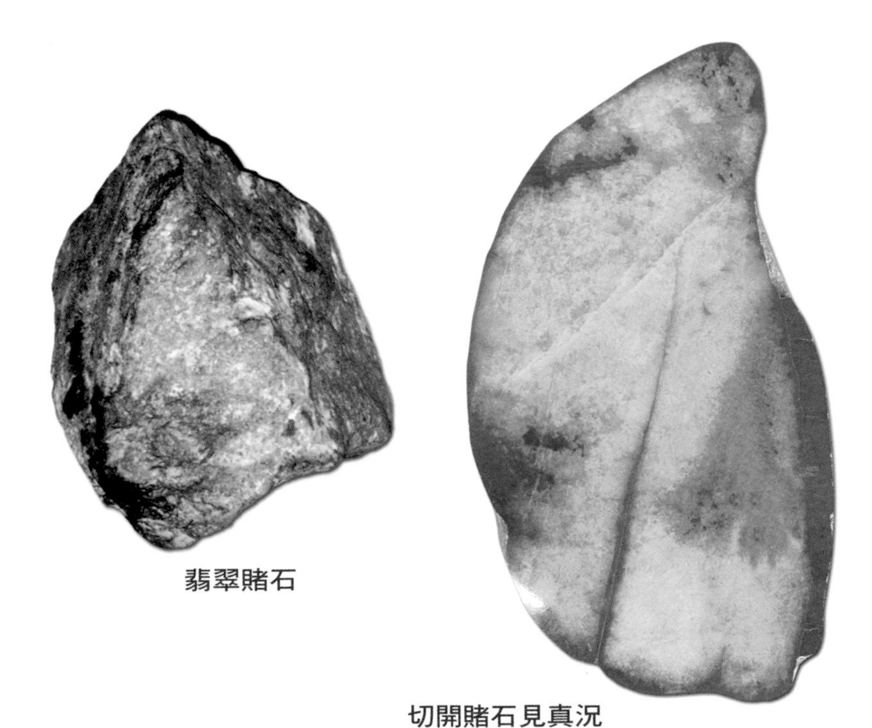

翡翠賭石

切開賭石見真況

澳洲玉 做成首飾很像翡翠（金得利圖）

老坑玻璃種

色正、透明度好、金玉映襯效果好，若雕工再好一點則更佳，高檔品。

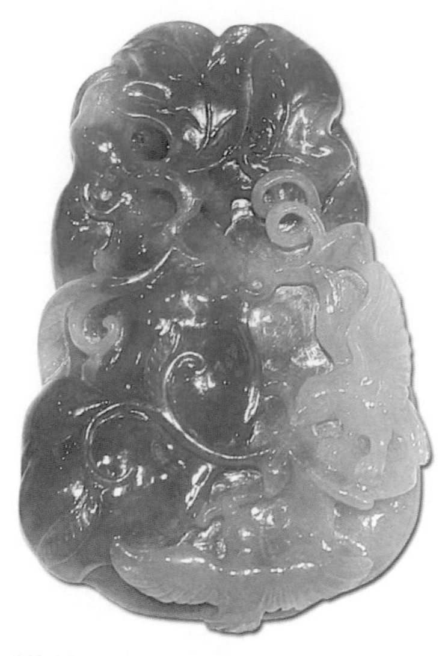

掛件

翠帶翡，顏色明麗，使人感到愉快和希望，構思和工藝好，質地略粗糙、材料在半透明和微透明之間，中高檔品。（羅翔圖）

掛件

老坑玻璃種，色正、透明度好，但造型略為簡單，高檔品。（昆明龍氏珠寶圖）

戒面

色正、質地好，靈光四射，設計合理，翡翠中之神品。（昆百大珠寶圖）

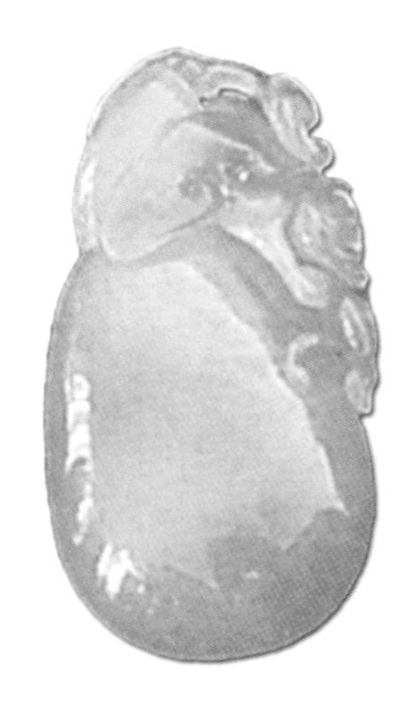

掛件

紫羅蘭帶翠，顏色耐看、工藝亦佳，但不透明，品質中檔。（昆明九龍珠寶圖）

翡翠胸墜

色綠、但欠飽滿，然而意境好（一帆風順），且金玉嵌鑲效果佳，中高檔品。

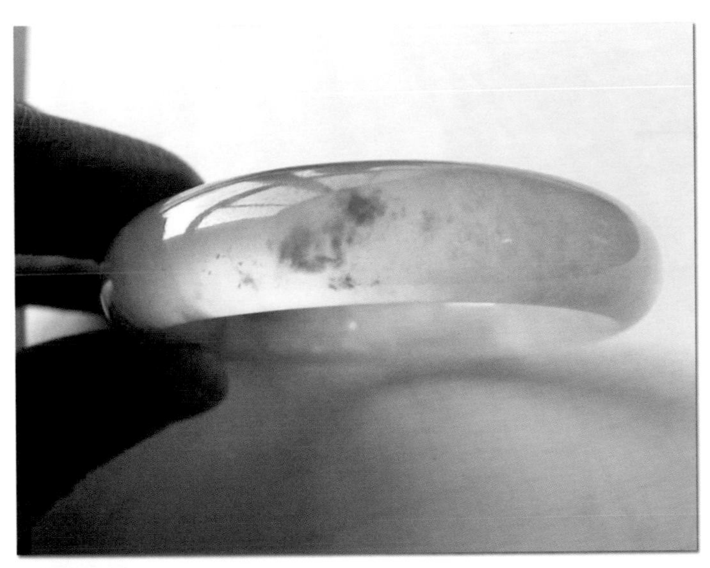

翡翠手鐲

光澤強、透明度佳，色正，但淡而不勻、風格高雅、大方、時尚，適合上班族女性佩戴，中高檔品。

翡翠胸墜

冰種翡翠，晶瑩通透，圖形有兩個寓意：四季平安（四季豆）、連中三元（三個圓珠）。

翡翠平安扣

色翠、嵌金效果好。此玉扣形狀寓意圓滿、平安。質地略粗、透明度及光澤一般，中高檔品。

翡翠掛件

駿馬奔騰的動感，使莊重的墨翠透出了靈活之氣，雕工好、不透明，中檔品。

翡翠胸墜

用鐵龍生為原料、顏色綠得富麗，雕工好、圖紋具民族特色，雖不透明，但深受人們喜愛，中檔品。

色正、質地好、光澤強、靈氣足，扁框，有時代感，高檔品。（據《中國寶石》2000年/3期）

色正、光澤佳、半透明、圓框，顯得大方和莊重，高檔品。

質地細膩，光澤柔和。富有韻味，中高檔品。

質地和透明度較好，顏色分佈較協調，時尚清雅，中高檔品。

質地和透明度較好，顏色分佈還算協調，中檔品。

不透明、樹脂光澤，但顏色分佈較為協調，中檔品。

質地粗、不透明、顏色偏暗，中低檔品，但有裝飾效果。

白底，油脂光澤，不透明，有一定的觀賞價值。中低檔品。

樹脂光澤，不透明，顏色偏藍、偏暗，中低檔品。

馬來玉，材料為染色石英岩，有裝飾效果，價格低。

岫玉，樹脂光澤，不透明，因產量巨大，目前價格低。

質地略粗，微透明，樹脂光澤。構思好，雕工佳，形象生動，具有較好的欣賞價值，中檔品。

墨翠

表面未拋光，設計佳、造型好，在市場中較受歡迎，中檔品。

白底青翡翠

俏色，寓意為“福、祿、壽”。造型好，工藝佳，比例協調，中高檔品。

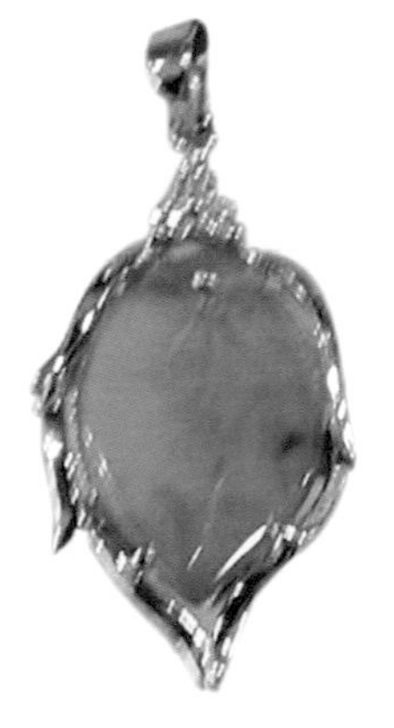

翡翠胸墜

金包翠，綠色較正，但玉件較薄，質感略顯不足，體積較小，故價位不算高，中高檔品。

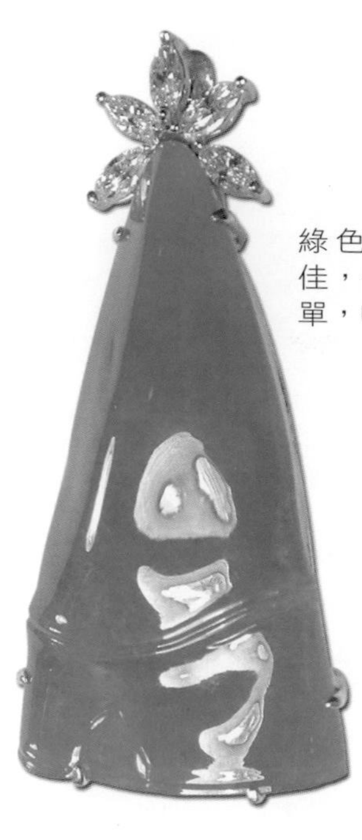

綠色純正，質地佳，但造型略顯簡單，中高檔品。

構圖巧妙，風格傳統，內韻豐厚。但顏色略偏暗，中高檔品。
（據《中國寶玉石》）

圖騰類的掛件

體積不大，常做胸墜，人們認為戴此可避邪，佑護平安。質地較細，半透明，飄藍花，中檔品，較受女士的歡迎。

墨翠

不透明，但圖案內容豐富，厚重有質感，中檔品，較受男士喜愛。

綠色正，俏色佳，光澤好。但綠色部分的工藝顯得不足，中高檔品。

較透明，造型維谷大度。顏色偏暗，中檔品。市場中較為暢銷。

黃翡，雕工形象逼真。關公，英武忠義，在中國傳統文化中被奉為神明，寓意鎮邪、除惡、護財，在市場中受到歡迎。

黃翡，色正，光澤柔和，工藝佳，具有欣賞價值，寓意有福有壽。價位不高，在市場中較受歡迎。

端莊、富麗、大方的乾青手鐲，獨具風格，具有觀賞和收藏價值，中檔品。

質地好，透明度佳，飄綠花，顯得高雅秀麗，高檔品。（羅翔圖）

翡翠茶具

翡翠茶具高雅、別緻，既適用，又有觀賞價值，已逐漸受到人們的喜愛。（萬利富珠寶提供）

福地珠寶一角

蝴蝶雙飛

金包翠，富麗高雅，成雙的蝴蝶大小搭配協調造型生動，工藝精良、具有較高的“完美度”。（據《寶石和寶石學》雜誌2005/1期新加坡　曾春光提供）

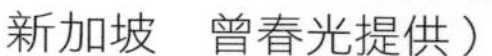

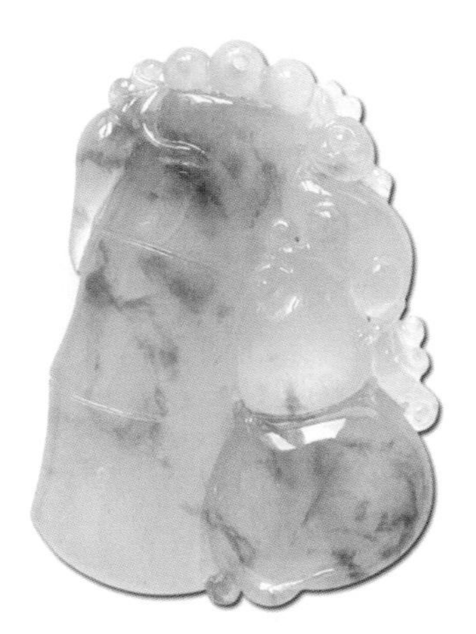

翡翠掛件

料為“藍花冰”翡翠，上飄淡一點黃翡。竹節寓意天天向上，葫蘆與“福祿”諧音，右邊的小動物一獸，活潑可愛，整個掛件寓意為：福祿壽、節節高。

手鐲與佳件

手鐲光澤強、靈氣足，雖不是滿綠，但顏色分佈與整個底子非常協調，映襯生輝，視覺效果甚佳。

掛件色彩好，畫面上旭日升騰、高山巍峨、樹木茁壯，一派生機盎然的景觀。（騰沖供圖）

五福捧壽

原料為紅翡，顏色吉祥，五隻蝙蝠圍繞一個“壽”字，寓意為“五福捧壽”。傳統文化中，五福為：長壽、富貴、康寧、德高和善終。掛件借蝠與福同音，象徵福壽康寧之意。

翡翠掛件

原料飄翠略帶翡，造型為古代的出廓玉璧；兩螭獻寶於玉輪之上，寓意聚財、平安、祥瑞。

鴻圖大展

白底青為原料，主要內容為獅、象、荷葉、柿子等，獅為百獸之王，威武勇猛；象為百獸之中智勇雙全者，民間有太平來象，功德造象之說，荷葉寓意“合”，柿與“事”同音。獅、象與荷葉雕刻一處，寓意強強聯合，事事如意，鴻圖大展。（七彩雲南供圖）

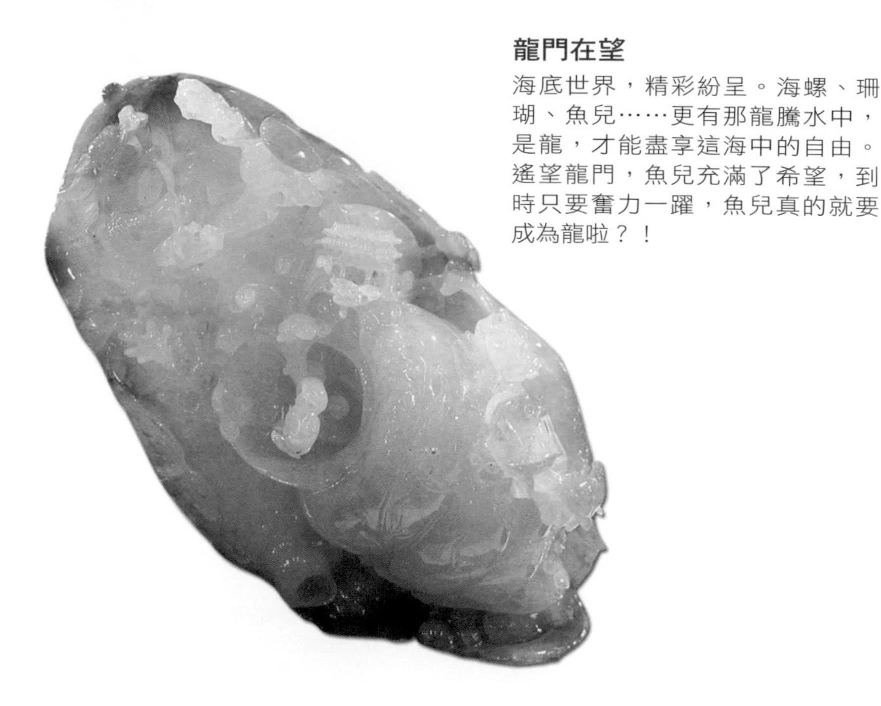

龍門在望

海底世界，精彩紛呈。海螺、珊瑚、魚兒……更有那龍騰水中，是龍，才能盡享這海中的自由。遙望龍門，魚兒充滿了希望，到時只要奮力一躍，魚兒真的就要成為龍啦？！

世外仙境

一輪圓月，灑下清輝，高山巍峨、林木蔥蔥。是宮殿？城堡？還是亭台？一切似在夢幻般的朦朧縹緲之中。

五子戲佛

瓷底翡翠為原料，圖中大腹便便、笑容可親的彌勒佛手持如意，穩坐在聚寶罐之上，五幼童天真活潑、頑皮嬉戲。玉件的內容生動祥和，富有感染力。

福祿壽

原料質地好、顏色柔和，光澤好、工藝精，掛件寓意福祿增壽，吉祥如意。（李學中圖）

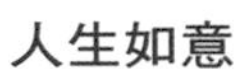

人生如意

雕件中有一碩大的人參，與人生同音，另有花朵、果實等，寓意人生富貴、花開如意、碩果累累。（福地珠寶圖）

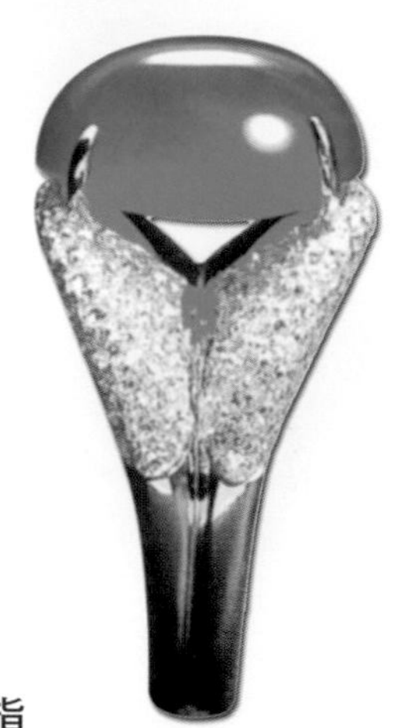

戒指

高品級的翡翠戒面，嵌在貴金屬的指圈兼托架上，向人們展示著希望與美好，而金屬部分造型簡練，富有現代感，“V”形的托架象徵著牢固的自信——“victory”（勝利）。

翡翠項鏈

質地上佳，綠得高貴，光澤宜人，做工精良。如此高檔的翡翠，是投資者和收藏家最好的選擇。

翡翠胸花

高檔翡翠與貴金屬相映生輝，並蒂花寓意生活美好，家庭幸福。是一件時尚、富麗的佳品。

翡翠吊墜

金嵌的翡翠，閃透著東方美之神韻，而飾品簡約的構思、暢快的線條，又展現了西方人的審美觀和人生哲理。

俏色翡翠雕件

妙用俏色手法，用料得當，形象逼真，真可謂巧奪天工。（摩仫圖）

翡翠掛件

母子情深，動物亦能如此，作為萬物之靈的人類定有更好的聯想！

翡翠掛件

蝙蝠、靈芝、古錢、如意、幼鹿以及金燦燦的糧食，組成了一幅福祿如意、財源廣進、足食無憂的圖畫。

清涼世界

主要刻畫了文殊菩薩的形象。山西五臺山相傳是文殊菩薩的道場。文殊菩薩是佛祖釋迦牟尼的左協侍，是佛祖的大弟子，其智慧與辯才第一，為眾菩薩之首，主管佛門的智慧、智能之事，故稱“大智”菩薩。

文殊頂結五髻——寓意如來的五智；青毛獅——文殊的坐騎，象徵智慧、勇猛；獅子口中寶劍——象徵智慧之銳利。（《中國寶石》1993/2期圖）

普賢境界

四川峨眉山傳説是普賢菩薩的道場。普賢是佛祖的右協侍，其職責是推行佛門的“善”，在佛國主吉祥。化利一切眾生，故功德無量，被稱為“大行”菩薩。

玉雕中六牙像是普賢的坐騎，是最有靈性，能夠堅韌負重的動物，象徵吉順，太平和功德圓滿。（《中國寶石》1993/2期圖）

海天佛國

浙江普陀山傳說是觀音菩薩的道場，據說在佛國中，觀音菩薩代表“慈悲”，既能給人帶來幸福，又能使人脫離苦難，所以又稱“大悲”（或“大慈大悲”）菩薩。

玉雕中觀音手持經卷，右邊石几上置淨瓶柳枝，臥於其左側的動物稱“金毛吼”，是觀音忠實的坐騎。（《中國寶石》1993/2期圖）

九蓮聖境

安徽九華山傳說是地藏菩薩的道場。

在佛學中，地藏與觀音各有分工，觀音救度世間眾生，地藏則救度地獄鬼魂，由於此菩薩有“安忍不動如大地，靜慮深密猶如秘藏”的特點，因此稱為地藏。地藏曾立下宏願：“地獄未空，誓不成佛”，故又稱其為“大願”菩薩。

玉雕中地藏菩薩神情莊嚴，手握辟邪寶珠，端坐在“諦聽”之上，顯示出神力和智慧。（《中國寶石》1993/2期圖）

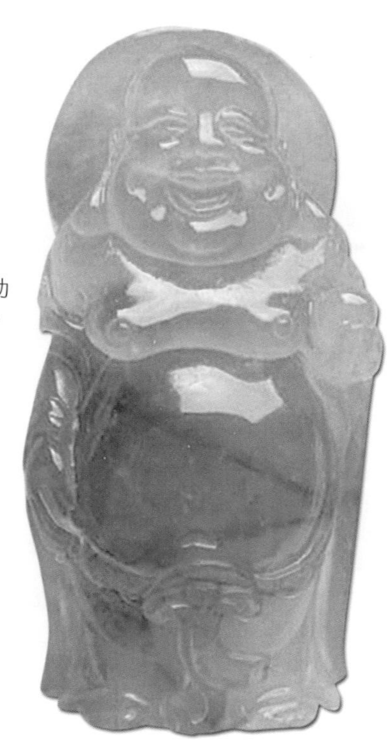

彌勒佛

大肚能容，開懷常笑的彌勒佛，曾使不少人精神放鬆，獲得愉快。

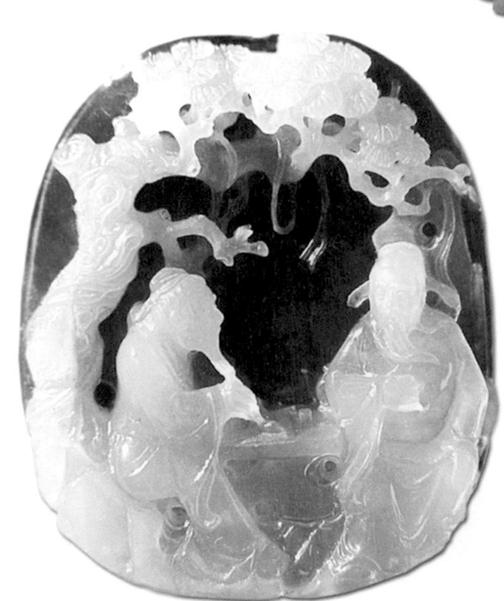

翡翠掛件

詩仙詩聖，難得一聚。是在談論千古詩話？還是在暢述人生的感悟或友誼？（騰沖供圖）

翡翠擺件

騰躍吐珠的鯉魚、荷葉、蓮蓬等構成了玉雕圖案的主題：年年有餘（王慶東圖）。

貔貅

中國神話傳説中的猛獸，與龍、鳳、龜、麟並稱為中國古代瑞獸，人們認為它能除邪、聚財、鎮宅、化凶為吉。

貔貅有26個造型，其典型形象為龍首、鹿耳、羊角、獅身、鳳尾、虎爪，並有49個化身，但每一個化身均有共同的特點：大嘴、大腹、大尻，它唯一的排泄方式是分泌汗液，故商業界又尊其為招財神獸。

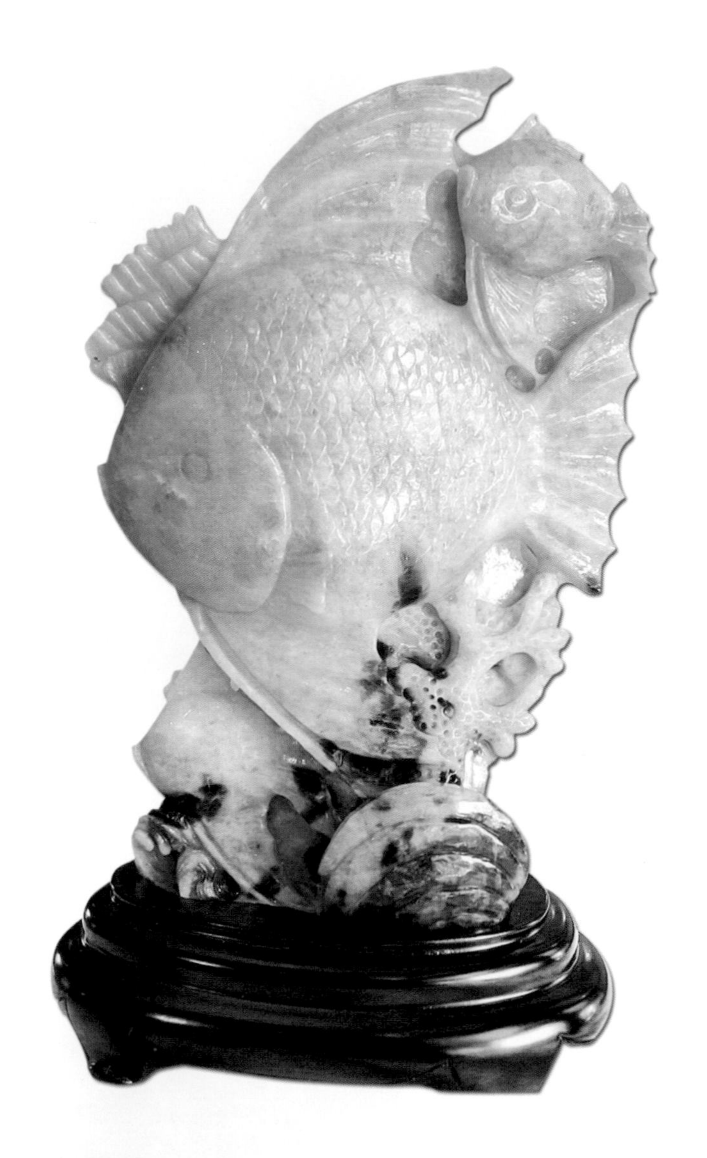

翡翠擺件

紫色為底的原料，雕出了熱帶魚的生動形象，底部暗綠色的部分雕出了海貝、珊瑚等海底生物。用料得當，構圖協調，使人聯想到海底的精彩與豐富，寓意財源廣進，年年有餘。

翡翠擺件

蓮藕、三隻雞和古錢構成了玉雕圖案。蓮與“連”同音，三隻雞諧音“三級”；古錢諧意“眼前”。整個雕件寓意連升三級已為期不遠（就在眼前），這是典型的世俗官場文化的體現。（王慶東圖）

釋迦牟尼佛祖像

由淺紫瓷底、帶有片片綠絲的整塊翡翠雕成，造像宏闊、莊嚴、智慧、慈祥，是當今不可多得的翡翠佛雕藝術珍品。（昆明泰麗宮珠寶城供圖）

常識篇

001 為什麼人們愛玉、賞玉、戴玉？

翡翠仙子——美麗吉祥的化身
高21cm，價值80萬人民幣（摩佚圖）

玉石的使用在我國歷史悠久，玉石的斑斕瑰麗、玉文化的豐厚內涵，增添了中華文明的韻味和魅力。

在人類發展的進程中，惟一將玉與人性相結合、融會貫通、水乳交融的是中華民族，也惟有中華民族，以玉比人，以玉喻事，以玉寄託理想，直抒情懷。玉石的使用在我國歷史悠久，可以說，玉文化是華夏傳統文化百花園中的一朵光彩奪目的奇葩。翻開中國五千年的史冊，從中可以看到無數有關玉的記載和傳奇故事，玉滲透到古代政治、外交、軍事、經濟、哲學、文化藝術、倫理道德和宗教等各個領域，玉充當著特殊的角色，發揮著其他工藝品所不能替代的作用。

玉是高尚人格的象徵，“君子必佩玉”、“潔身如玉”、“溫潤如玉”，成為古人對人格的讚譽；玉是高風亮節的比喻，在民族危難、黑雲壓城的緊要關頭，多少仁人志士以“寧可玉碎，不願瓦全”的堅定信念，譜寫了一曲曲民族氣節的頌歌；玉是美麗形象的化身，“亭亭玉立”、“玉貌花容”的形象，無不使具有愛美之心的人們由衷地讚賞。玉還有更深層次的寓意：玉寓意國家的富足，李斯在其《諫逐客疏》中，曾用“今陛下致昆山之玉，有和隋之寶”，以表示國家的殷富；玉是無價的財富，兩千多年前的戰國時期，秦王為得到趙國的一件“和氏璧”，竟答應以十五座城池來做交換，使玉的價格達到登峰造極之境，也使趙國的藺相如有機會演繹出一曲“完璧歸趙”的千古絕唱，從而使玉的故事家喻戶曉；玉象徵高貴與權力，“玉璽”凝聚著古代國家的最高權力和威嚴；玉預兆社會安寧、國運昌盛，常言道：“國運興則玉業旺，國運興則玉運興”、“豐年玉、荒年穀”；玉傳遞著國與國之間和平共處、友好往來的資訊，“化干戈為玉帛”，但願人類歷史進程中有更多這樣和美的佳話；玉用以形容雖歷盡曲折，但歸宿則是光明，所謂“艱難困苦，玉汝于成”，正有此意；玉還比喻人具備睿智良才、遠見卓識，當代文學家徐遲在其著名的報告文學《哥德巴赫猜想》中，讚美熊慶來、華羅庚等一群科技的英才、時代的驕子時，就用過“人人握靈蛇之珠，家家抱荊山之玉”的佳句。記錄中華民族燦爛文化的文學作品，從詩經、楚辭、漢賦、唐詩，到宋詞、元曲、明清小說等（如在我國四大名著之一的《紅樓夢》中），對玉的描述和讚譽美不勝舉、難以盡述。

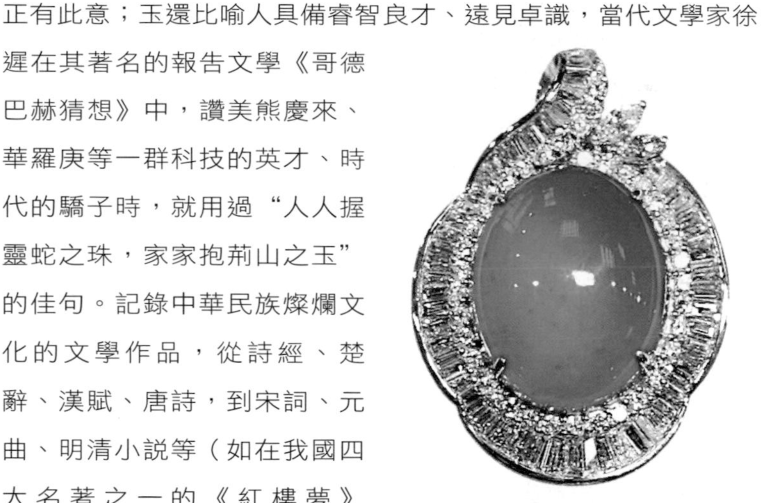

富麗高貴的翡翠胸墜
（羅翩提供）

人們讚美玉、愛玉、賞玉、佩玉、藏玉，“石之美者，有五德，” 玉不僅是古人對具備色澤、硬度、聲音、紋理和質地等條件的美石的定義，更重要的是，在今天人們的心目中，玉成了人生修養、高尚品格、美好願望、完美形象和自身良好情緒及情操的載體，中國人敬玉愛玉之習俗綿延不斷，流傳至今。今天，人們對玉還總是有一種特殊的情愫，在日常生活和人際交往中，人們用玉來寓意喜慶與吉祥、用玉來預祝福壽和富康，用玉來表示堅貞與忠誠，用玉來象徵文雅和永恆。用玉以賞心悅目，用玉以護身養顏……人影響了玉，玉感化了人，玉的光彩因人的喜愛而愈顯絢麗，人的情操因玉的燦爛而得到陶冶、得到昇華。

翡翠掛件（一帆風順）
（昆百大珠寶供圖）

綜上所述，我們不難領會到玉的形象、玉的意境、玉的精神；我們也就不難理解幾千年來，為什麼人們一直愛玉、賞玉和佩玉。值得高興的是，隨著經濟的發展和社會進步，昔日只為少數人所把玩、所欣賞的玉器、玉雕飾品，已逐步進入千家萬戶，戴玉、佩玉之風不僅更為時尚，而且更趨向普及和大眾化，不同檔次、款式和品位的玉製品已經成為時下現代化大眾消費群體的喜愛和追求，玉文化的發展有了更為深厚、堅實的土壤和基礎。

002 什麼是寶石？什麼是玉石？

隨著社會物質文明、精神文明的不斷進步，人們對戒指、項鏈、手鐲等首飾的興趣和需求越來越大，而製作首飾等裝飾的各種珠寶玉石，就成了消費者需要瞭解的物品，那麼，什麼是寶石、玉石呢？

寶石

狹義概念的寶石指自然界中色澤豔麗、透明度好、硬度不低於玻璃，即不低於摩氏5.5～6度，化學性質穩定或是透明度稍差，但具有特殊光學效應，粒度大於3mm的礦物單晶體；廣義概念的寶石是指琢磨和雕刻成精美首飾和工藝品的原料或成品，它涉及到寶石、玉石兩個範疇。

寶石包括天然寶石、天然有機寶石和人工寶石三大類。

天然寶石——是由自然界產出，具有美觀、耐久、稀少的特性，可加工成裝飾品的礦物的單晶體（可含雙晶），如鑽石、紅寶石、藍寶石、祖母綠、水晶等是最常見的天然寶石。

天然有機寶石——是由自然界生物生成，部分或全部由有機物質組成的寶石。如珍珠、象牙、珊瑚、琥珀等是最常見的天然有機寶石。

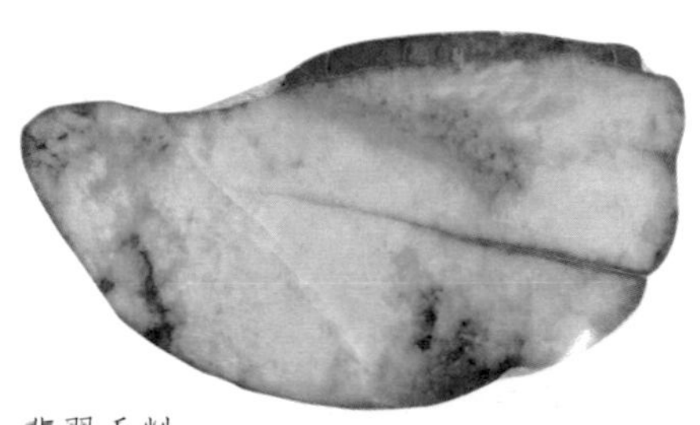

翡翠毛料
（緬甸公盤，開價68萬歐元）

人工寶石——完全或部分由人工生產製造

的寶石。人工寶石包括合成寶石、人造寶石、拼合寶石和再造寶石。

A.合成寶石：完全或部分由人工製造，且自然界有與之對應的寶石品種，如“合成紅寶石”、“合成藍寶石”等。

B.人造寶石：由人工製造且自然界無與之對應的寶石品種，如“人造釔鋁榴石”等。

C.拼合寶石：由兩塊或兩塊以上材料經人工拼合而成，且給人以整體印象的珠寶玉石，簡稱拼合石。

D.再造寶石：通過人工手段將天然寶石的碎塊或碎屑，經熔化或壓接成具整體外觀的寶石。

玉和玉石

在自然界中，凡是顏色美觀、光芒潤澤、質地細膩堅韌，有一定硬度，有利於雕刻和保存的由一種礦物或多種礦物組成的集合體（岩石），均可稱為玉石。

目前，國際上所稱的玉（jade）主要指硬玉（翡翠）和軟玉。在玉石中，翡翠價值較高，優質翡翠的價格不亞於高檔的寶石。在珠寶界，翡翠享有“玉石之王”的美譽。

翡翠項鏈
（據《中國寶石》1994/4期）

1994年10月31日在佳士得秋季拍賣會上，以3302萬港元打破翡翠手飾拍賣世界紀錄，它由27顆翡翠珠子組成，鏈扣用紅寶石和鑽石組成。

003 什麼是翡翠？翡翠具有哪些性質？

翡翠一詞的由來，源自於中國古代的翡翠鳥。關於翡翠，民間有許多美好的傳說。翡翠名稱源於翡翠鳥，雄鳥羽毛紅豔，稱為翡鳥；雌鳥羽毛碧綠，稱為翠鳥。對翡翠鳥最早的解釋：“翡，赤羽雀，翠，青羽雀也。”後來，人們發現玉石，尤其是產自緬甸的硬玉，其顏色美麗無比，上等硬玉的顏色與翡翠鳥羽毛很相似，於是緬甸玉便被稱之為翡翠而流傳於世。

有人說翡翠就是緬甸玉；還有人說，紅色的緬甸玉稱為翡、綠色的緬甸玉稱為翠。翡翠，就是紅色和綠色的緬玉，這兩種說法都有失偏頗，不夠全面。

翡翠的礦物學名稱叫“硬玉”，但並不能說硬玉就是翡翠，翡翠是硬玉岩中的精品。翡翠，專指美麗的、可以做成首飾及玉雕原料的、商品級的硬玉。翡翠具有美觀性、稀少性、適用性和耐用性的特點。是翡翠必然是硬玉或含有硬玉，而硬玉並不一定就是翡翠。

翡翠的化學成分和物理性質如下：

化學成分：鈉鋁矽酸鹽[（$NaAl(Si_2O_6)$）]

顏　　色：白色、綠色、紫色、紅色、黃色等

結晶晶系：單斜晶系

結　　構：多為粒狀或纖維狀集合體

硬　　度：6.5～7

比　　重：3.25～ 3.40 (g/cm^3)

折 射 率：1.65～1.67（點測）

另外，翡翠具有半玻璃至玻璃光澤，具有解理，質地堅韌。

其光澤、硬度、比重（相對密度）、折射率高於軟玉，其光澤、透明度和色彩優於軟玉。

總的來說，翡翠是由鈉鋁矽酸鹽類礦物，以鈉和鋁、矽、氧為主要化學成分，由多種礦物集合形成緻密塊體。翡翠的透光性好，導熱性強，堅硬且有一定的韌性。經久耐磨，是很理想的裝飾用品；翡翠是一種不需提煉就能直接利用的珍貴資源，普通檔次的翡翠工薪階層完全有能力消費，優質高檔的翡翠因其資源越來越少，其價值將越來越高，其珍貴性和稀有性的特點是持久不變的。

紅翡（五福捧壽）

綠翠（路路皆通）

004 哪裡是優質翡翠的出產地？

緬甸是世界上玉雕翡翠的主要供應國，此外，在中哈薩克斯坦、美國加利福尼亞的海岸山脈區、瓜地馬拉、墨西哥和日本本州等地也有少量的翡翠礦床，但品質遠遠比不上緬甸的翡翠。因此，緬甸成了高檔和商用翡翠的惟一產地。

緬甸北部的猛拱、帕崗、南岐、香洞、會卡等地產翡翠，這是翡翠愛好者共知的常識，但專家考察後報導世界上品質最好的翡翠，產於緬甸的隆肯（又稱“龍肯）翡翠礦區，此區位於緬甸的西北部，距密支那西北136公里，距孟拱西北102公里。出產優質翡翠的地區長70公里、寬20公里，地區面積約1400平方公里。目前，有三個玉石採礦營地，其中原生礦一處、沖積砂礦兩處，玉石選礦處設在隆肯。

緬甸國有寶石企業勘查和開採總部設在隆肯（Lonkin），該區每年開採翡翠礫石約500噸，全部送往仰光加工，運送路線為：用汽車從隆肯運到猛拱，再用火車從猛拱運到仰光。猛拱一帶，即烏龍河（霧露河）上游地區於1871年發現翡翠礦床，市民大多從事玉石開採、加工和飾品製作，再加上來自隆肯地區的優質翡翠在這裏中轉、集散，因此猛拱有“玉石之鄉”的美名，而隆肯地區因地理位置較偏，交通條件、商貿規模不如猛拱，帕崗，因此如今名聲不如猛拱、帕崗。

翡翠的形成，是在中一低溫的環境中，在極高的壓力下經過漫長的時間而形成的。科學家在實驗室經過大量的模擬實驗後指出：翡翠是在1萬個大氣壓和200～300℃的溫度環境中生成的。我們知道，地球從地表到地心，越深入溫度越高，壓力也越大，

緬甸翡翠礦區

既然翡翠是在低溫高壓條件下形成，當然不可能生成於地球的較深部分，那怎麼才具備高壓的條件呢？從地球物理的角度分析，這樣高的壓力是由地殼運動產生的擠壓力導致的。專家發現：凡是有翡翠礦床分佈的地方，均是地殼強烈運動的地帶。這是翡翠形成的條件之一。另一個因素是：凡發現翡翠形成的地方均有含鈉長石（$NaAlSi_3O_8$）的中一基性岩。因而有的地質學家認為，翡翠是在中一低溫、高壓條件下由含鈉長石的岩石去矽作用而結晶集合形成的。

據專家報導，在哈薩克斯坦的伊特穆隆德——秋爾庫拉姆一帶，存在著有經濟價值和開採前景的翡翠資源，但質地、水頭和顏色都好的翡翠在該區域到底有多少，還需要進一步的探索。目前，北方少數地區市面上偶見產於哈薩克斯坦的翡翠，但其品質檔次最多只屬於中檔，優質翡翠在該國尚未發現，至少是到現在為止還未發現。

另外，中國有史料記載：翡翠產自雲南省。近年來，也有個別玉石愛好者在文章中提到“我國雲南省有翡翠產出”。然而，經過地質部門長期的找礦勘探，在雲南省一直未發現翡翠產地。這究竟如何解釋呢？據寶石學家考證，這是因為緬甸有些產翡翠的地方，在歷史上曾經隸屬於中國雲南永昌府管轄，所以，世界上優質翡翠產自緬甸，這才符合事實。

005 翡翠什麼時代進入中國？什麼時代才在中國流行？

有的學者根據英國史學家李約瑟所著《中國科學技術史》中所寫的“在18世紀之前，中國人並不知道硬玉這種寶石，以後硬玉才從緬甸產地經雲南輸入中國”的觀點及在明十三陵中沒有發現翡翠的事實，而把翡翠在中國的發現和使用定在18世紀，這樣的觀點顯然是不妥的。

在中國雲南省騰沖地區，曾多次發現用翡翠玉料磨制的很原始的玉器。如1987年，在雲南保山地區龍陵縣出土了三把玉斧，經鑒定，材質為翡翠；再經考古學測試，為遠古時期的文物。目前談論翡翠歷史比較系統、資料較為豐富的文章是楊希林先生所撰寫的《翡翠簡史》一文，楊希林先生經過大量的研究，認為出土的漢唐等時期的翡翠，其原石應為日本所產，經高麗（朝鮮）運入中國，而不是緬甸出產的翡翠。但至少在唐代以前，商品級的硬玉礦物在中國很少見，也還未獲得翡翠的美稱，如1970年在陝西省西安南郊，唐代玢王府舊址地窖發現的出土文物中有翡翠六顆，但其名稱卻與其他玉石一道題記為“頗黎十六”。顯然，當時人們還未將硬玉礦物定名為翡翠，當時流入中國的翡翠除產自日本外，還有可能來自現在的哈薩克斯坦一帶。1639年（明崇禎十二年），大旅行家徐霞客在其遊記《滇遊日記》中已明確記載有在騰沖、保山兩地加工、經營翡翠（後來才稱為翡翠）的消息，從記載中可以看出，騰沖的翡翠加工業和翡翠商貿活動已經達到繁榮的程度；清乾隆時期的大學士，紀昀（1724～1805）所著《閱微草堂筆記》卷十五記載：“記余幼時……雲南翡翠玉，當時不以玉視之，不如藍田，乾黃強名之玉耳，今則以為珍玩，價出真玉上矣……蓋相去五六十年，物價不同已如此，況隔越百年乎！”

從徐霞客在永昌府（今雲南保山、騰沖一帶）加工“翠生石”（翡翠）時（1639），至紀昀幼時（1734年左右）的近百年間，翡翠仍未被內地認為是價值較高的“真玉”，其消費群體很小，價格也很低。所以，皇室、貴族當然不屑使用價格低的玉石自貶身價。因此不能因十三陵中沒有翡翠，就斷定當時在民間也沒有發現和使用翡翠。

根據史料及考證，從周朝至明朝（西元前11世紀～西元1644年），中國民間已有翡翠玉器及飾品，但數量極少，未受到起碼的重視，這一歷史時期是中國軟玉（和闐玉）文化最輝煌的時代。軟玉，尤其是軟玉中的白玉，在使用上佔有主導地位——我們從故宮博物館所藏的玉件珍品中可以看出這一現象，這一時期的玉件多為各種軟玉製作的雕件。即使到了明代，翡翠也未被重視。

清代康熙以後，緬甸國王常將翡翠飾品作為貢品，向中國皇帝進貢，歷史上著名的“翡翠之路”得到了拓展，康熙之後，由於乾隆皇帝對玉有著特殊的愛好，使得大量的翡翠進入皇親國戚階層，翡翠業迅速地興旺了起來，翡翠逐漸流入中國上層社會，為統治階級所注重，尤其在清末，翡翠受到慈禧的特別偏愛，其身價陡然上升。

翡翠雕件（吉祥平安）

根據史料記載，曾有一外國進貢者向慈禧獻上一顆大鑽石，她不接受，反而歡迎送給她小件翡翠的人。在慈禧的殉葬品中，有翡翠西瓜兩個，綠皮紅瓤，黑子白絲，估價值白銀500萬兩；翡翠甜瓜4個，形象神似，估價值白銀600萬兩；翡翠荷葉1件，葉上佈滿綠筋，估價值白銀285萬兩；翡翠白菜2棵，生動逼真，令人叫絕：菜心上有兩隻滿綠的蟈蟈，綠葉旁有兩隻黃色的馬蜂，均為一塊玉料製成，估價值白銀1000萬兩。另外還有許多翡翠製品。1928年慈禧墓為軍閥孫殿英所盜，致使這批翡翠珍寶大量流入外國。從史料中及這些史實可以看出，到了清代特別是清末，翡翠在中國玉文化及玉貿易中的地位已超過了白玉和其他玉石。

總之，翡翠製品在新石器時代（距今約10000~4000年）就已流入中國西南邊陲，但數量極少；在奴隸社會至封建社會中期（西元前1100年~西元1600年），具體說來從周朝至明朝，翡翠飾品在我國還很稀少，在使用上沒有受到注意和重視；在封建社會晚期（西元1644~1911年），由緬甸北部至中國雲南騰沖，再至中國內地的“翡翠之路”得到了較快的拓展，翡翠飾品在我國的地位和影響已逐漸超過軟玉中的上品——白玉，受到了宮廷權貴的喜愛而盛行於統治階層；歷史進入近代及現代時期（西元1912年後），翡翠飾品已從宮廷及上流階層走向民間，在全國，特別是在南方流行，並且在世界華人經濟圈，中華文化、東方文化意識圈內流行。

006 中國邊疆雲南的翡翠交易口岸有哪些？

翡翠在國內外市場上被稱為“緬玉”，這說明商品級、寶石級的翡翠只產於緬甸。雲南與緬甸接壤，自古以來就是翡翠的交易地和集散地。因此，中國邊疆的翡翠交易口岸均在雲南。雲南作為我國的旅遊大省和面向南亞、東南亞的前沿地區，翡翠製品也就成為雲南旅遊業中獨具民族文化特色的產品。

在雲南進行翡翠貿易的主要口岸有昆明、瑞麗、章鳳、盈江、騰沖及畹町，其中以昆明、瑞麗、騰沖交易最為活躍；次要的口岸有孟定（耿馬縣）、南傘（鎮康縣）和片馬（瀘水縣），主要口岸玉石品種較多，檔次也較多，次要口岸價格相對較低。

昆明作為雲南省的省會，是全省政治、經濟、商貿、文化和旅遊活動的中心。因此，高、中、低檔的翡翠飾品應有盡有。珠寶店遍佈全市的主要街道和各大、中型賓館、酒店及各旅遊景點。雲南省政府、昆明市政府、各級品質技術監督局等政府機構及職能部門，對規範昆明地區及雲南省的珠寶玉石市場秩序十分重視，於1993年10月成立了雲南省技術監督局珠寶玉石品質監督檢驗中心，2000年初成立了雲南省珠寶玉石飾品質量監督檢驗所，具體負責對珠寶玉石的真偽、品質進行核對總和鑒定研究等工作。經過多年來的努力，昆明的珠寶玉石市場已走上良性發展的軌道。目前昆明規模較大、注重品質、注重信譽、較為有名的珠寶商場（店）有昆明百貨大樓珠寶公司、昆明景星花鳥市場珠寶大世界、七彩雲南珠寶交易中心、昆明北京路聯貿翡翠批發市場、中如珠寶、昆明世博園珠寶購物區、福地珠寶、雲南外企珠寶交易中心、昆明雲澳樓珠寶有限公司和昆明白塔路珠寶購物一條街等企業。消費者在昆明，通過多走多看多比較，就不難買到自己滿意的翡翠飾品。

騰沖隸屬於雲南省保山市，位於雲南的西部邊境，距昆明760公里。騰沖距緬甸翡翠的主要產地猛拱、猛養、帕崗地區僅200多公里，由於交通上的優越條件，從緬甸開採出來的翡翠玉礦，很多都運往這裏。古往今來，這裏就一直是翡翠的主要集散地之一。國家實行改革開放政策以來，騰沖的翡翠產業和經營得到很大的發展，1994年和1997年騰沖就先後設立了騰沖珠寶交易中心和珠寶城，共設有鋪面、攤位近300個，並且帶動了四鄰城鄉的玉石加工業。2004年，為進一步鑄造騰沖翡翠的輝煌，騰沖將翡翠產業列為該縣的支柱產業，著力打造“騰越翡翠”品牌。目前，正在建設的“雲南騰沖翡翠文化商貿經濟園區”集翡翠原料購銷、產品設計與加工、成品批發與零售、珠寶科技文化為一體，將使騰沖的翡翠產業有長足的發展。在騰沖，翡翠掛件、雕件的價格較為低廉。

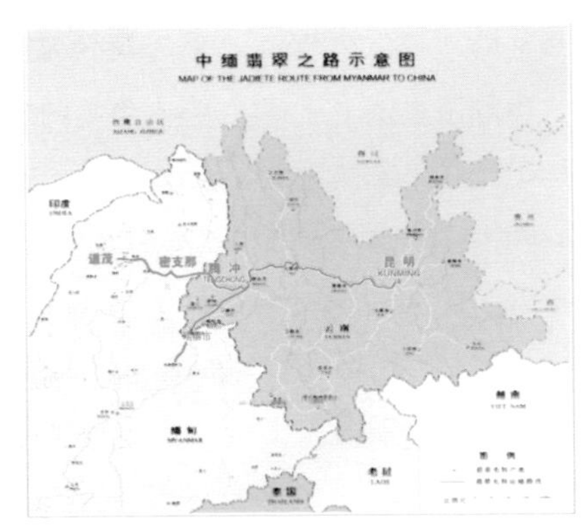

中緬翡翠之路

從昆明乘飛機飛抵芒市機場（約40分鐘），再沿公路西南行進100公里；或由昆明乘汽車經過10多個小時，就到達了中緬邊境的最大貿易口岸——瑞麗市。瑞麗歷史悠久，文化燦爛，風光絢麗，民風民俗淳樸。這裏邊貿興隆，珠寶薈萃，是中國四大珠寶集散地之一，是世界上翡翠交易最繁榮、最具代表性的城市之一。瑞麗當地人口一半以上為傣、景頗等少數民數，瑞麗市三面與緬甸接壤，市區距緬甸最近距離僅2公里，人文地理極具特色。市中心地段有珠寶一條街和珠寶城，如今已連為一體，成為遠近聞名的珠寶集散地。珠寶一條街在瑞麗最為熱鬧和有名，街上設有百餘家珠寶店，商人以中國商人和緬僑為主，他們多從緬甸貨主手中購入多種珠寶成品置於店中銷售。翡翠製品主要有手鐲、戒面、掛件等。珠寶城有珠寶店近百家，同時設有中緬珠寶商人辦公、居住場所，不少緬甸華僑商人能夠很方便地帶貨往返於中緬兩國邊境。最近，瑞麗市在國家工商總局註冊了“東方珠寶城”商標，瑞麗人十分珍惜這個品牌。

瑞麗市場上的翡翠製品品種繁多，各種規格、檔次都有，主要品種有戒面、掛件、手鐲、片料等。片料是將翡翠毛料加工成片狀的半成品，購買者可根據片料的形狀、顏色、種質、透明度等情況，加工成為各種相適宜的成品，已無賭石之風險。瑞麗市區有手鐲加工作坊數十家，每對手鐲加工費20~30元不等，當日或次日即可取貨，十分方便。由於本地區原料價格相對便宜，所以翡翠製品的價格不高，人們可以接受。前些年，由於從外地流入瑞麗市場的翡翠（B翡翠、C翡翠）較多，為維護廣大消費者的利益，同時也是為了瑞麗市自身的發展，瑞麗市加大了對珠寶玉石品質監督檢驗的力度，設立了過硬的珠寶質檢機構。政府正加大規範管理市場力度，以誠信打造地方品牌。

另外，自99’昆明世界園藝博覽會以來，大理、麗江和西雙版納等地的珠寶市場也得到了長足的發展，在這些地區珠寶經營較為活躍，珠寶市場的規範程度也逐年有所提高。

007 翡翠貿易的主要集散地及市場有哪些？

前面介紹了中國雲南的翡翠交易岸口（集散地）和翡翠市場的情況，其實，當今翡翠貿易市場的分佈很廣，除雲南外，翡翠的集散地還很多。

雖然人們很早就發現了硬玉（翡翠），但其商貿的發展卻走過了一段十分艱辛的道路。根據對史料的考察及老一輩翡翠行家的觀點，明代至清前期翡翠產出及交易量極少的主要原因是：當時的交通十分不便，出產翡翠的緬北地區到處是崇山峻嶺，道路險阻且常有蠻煙瘴氣、毒蟲蛇蠍，加之當地的土著民族當時尚未開化，出於保護鄉土利益和對外族的防範心理，他們採取了“自閉”等措施，在如此多的不利因素環境中，使能進入緬北地區的極少數探險者和先驅者收效甚微，且冒九死一生的危險探尋來的翡翠並不被大家所瞭解、認同，更談不上有多少價值。一直到了明末清初，中緬邊境局面相對穩定，緬北產玉地區的政治、經濟、文化有了較大的進步，交通條件也有了改善，翡翠逐漸為人們所欣賞，其價值逐漸得到人們的認同。此後，各地商貿和冒險者大量湧入雲南省騰沖、龍陵、德巨集州等地區及緬北地區，真正的翡翠貿易才得以啟動、活躍和發展起來。

翡翠之所以流行於世、盛名於世、價值較高，除其自身所具備的優良性質外，最主要的原因之一，是翡翠得到了中國東方文化、東方審美情趣和價值觀念的欣賞和接納，受到了中國人的推崇。從歷史上看，翡翠貿易的商路口岸及集散地幾經歷史變遷和興衰，真正稱得上翡翠貿易的商業活動始於明末清初，自18世紀的乾隆年間到現在，翡翠貿易的主要集散地和市場有：八莫（緬甸）、帕崗（緬甸）、猛拱（緬甸）、騰沖（中國）、清遠（泰國）、瓦城（又稱曼德勒，緬甸）、廣東省的四會、揭陽、平洲和雲南省的瑞麗等地，翡翠的加工業和成品貿易興旺，這些地方生產翡翠成品，在中國市場中佔據了相當的份額，成為翡翠成品批發、採購的重要市場。

特別值得一提的是，由於社會經濟的不斷發展，人們的消費水準和精神需求日益提高，在北京、上海、臺灣、香港、西安等經濟文化發達地區，翡翠市場具有很大的規模和發展前景，翡翠的交易也比較活躍。

富麗高雅的翡翠
（《中國寶石1998/3期，臺灣《珠寶界》提供）

008 什麼叫“毛料”？什麼叫“賭石”？

未經過加工的翡翠原石稱為“毛料”。在翡翠交易市場中，毛料也稱為“石頭”，滿綠的毛料稱為“色貨”；綠色不均勻的毛料稱為“花牌料”，無高翠的大塊毛料被稱為“磚頭料”。整體都被皮殼包著，未切開，也未開視窗（也稱開門子）的翡翠毛料稱為“賭石”，或稱“賭貨”。賭石的外皮裹著或薄或厚的原始石皮，不同的賭石顏色各異，紅、黃、白、黑皆有，還有混合色。玉石交易中最賺錢的，最誘惑人的，但也是風險最大的非賭石莫屬。珠寶界有一句行話：賭石如賭命。賭贏了，十倍百倍地賺，一夜之間成富翁；賭垮了，一切都輸盡賠光。與賭石交易相比，股票、地產等冒險交易均屬溫情而相形見絀。

但對於到中緬邊境翡翠貿易岸口一帶進行旅遊觀光的人們來說，最好不要購買賭貨。因為在賭石交易活動中，能贏的概率很低，更因為當地有許多玉石高手，他們對每塊翡翠原石都進行了反覆地、認真分析，哪塊石頭能開口，從什麼地方動刀開口，都作了很透徹的研究，通常只有他們認為切開後沒有多少希望的玉料，才拿到交易市場作為賭石去賣，而且將自己出售的賭石吹得天花亂墜，專等愛做發財夢的人去購買，購買賭石成功而獲利的人極少，相反，失敗的例子卻很多很多。

既然購買賭石有如此大的風險，那麼購買沒有皮殼，滿塊是綠的毛料是否就穩妥了呢？回答是否定的——依然有很大的風險！筆者和同事們在從事珠寶玉石的鑒定、檢驗工作中，就多次遇到過購買毛料而上當的例子：一次，一位中年男子將其父多年前在中緬邊境高價購買的，現作為遺產分給他的“翡翠原料”送來讓我們鑒定，這塊石料翠綠色明顯，但光澤較暗，呈微透明狀，質地緻密、硬度高，手掂感覺較重，有5 000多克，當時有一個到昆明出差的江蘇老闆，願出數萬元人民幣購買此石，打算用這塊玉料為其母親做一尊佛像，但玉料的主人要價20萬元，沒有成交。我們觀察此原料，發現顏色雖系天然，但綠色呈點狀、料狀結構，組織不夠細膩，無細小纖維狀晶體。經認真地鑒定後確定此石為鈣鋁榴石，即綠色的石榴石——此玉產於青海省烏蘭縣，又稱“青海翠”，其價值遠低於顏色相近的翡翠（後來這位中年人將玉料帶到昆明西南商業文化城出售，欲購者僅開價1000多元，未成交）。又一次，一位老工人送來一塊綠色玉料請我們鑒定，此人聲稱這塊玉是其親戚在中緬邊境買的，帶回昆明之後，有人開價9萬元，他不賣，想讓檢測鑒定機構出份證書或報告後，再賣個好價錢。此玉料重2000克左右，無皮，通體呈綠色——暗綠色，亞玻璃光澤，質地細膩，硬度較高，表面光潔，但手掂起來明顯輕於相同體積的翡翠原料，再認真地觀察，在玉料的幾個部位距表層約5mm的地方，有白色的“雲片”分佈。經過鑒定，結果是矽化的蛇紋石玉，此玉國內外許多地方均有產出，且產量大，國內以遼寧省岫縣出產的最為有名，因此又稱“岫玉”，真相出來後，要賣高價已不可能，老人只有抱憾而歸。我們遇到或聽到的類似的事例很

翡翠賭石

多，在此難以盡述。

翡翠毛料，尤其是賭石是世界上一種最難識別、最不易吃透的玉石。毛料和賭石的交易有許多欺騙性，其中充滿了陷阱，因而又帶有極大的冒險性。國內外少數不法商人，利用中緬邊境玉石口岸的知名度，掌握部分旅遊觀光者覺得在雲南邊境上，才可買到貨真價廉的翡翠玉料的心理，不惜輾轉千里，將烏蘭翠、岫岩玉、貴翠等貌似翡翠的原石弄到雲南，冒充翡翠毛料向人們兜售。所以，對玉石不熟悉，或者僅僅知道一點常識的遊客朋友，到雲南來最好不要隨便購買翡翠毛料和賭石。

目前在瑞麗的姐告建成了我國最大的翡翠毛料交易市場，在交易市場中購買翡翠毛料，風險會小一點。

瑞麗市場中的翡翠毛料

009 翡翠是否具有投資價值？

現今，越來越多的人在解決了衣食住行等基本生活需求後，其消費觀念和投資理財方式正在悄然發生改變，人們對於珠寶首飾的概念已不僅僅局限于穿金戴銀。一方面，珠寶翠鑽已成為現代人財富、能力和風度的象徵；另一方面，貴重寶玉石的長期投資價值，也正逐步得到重視。

那麼，翡翠是否具投資價值？回答是肯定的，翡翠具有很高的投資價值，但能夠升值的必須是純天然的，色、種、水等條件俱佳的高檔翡翠。判斷何種寶玉石能否升值、升值率有多高，主要從其稀有性、可觀賞性、適用性和經久耐用性四個方面加以考慮。翡翠是玉石之王：首先，物以稀為貴，從產地來看，世界上僅有緬甸北部出產寶石級的翡翠，而產出的地質條件十分苛刻。翡翠的化學成分較為複雜，儘管人們進行了許多合成翡翠的努力，但遠未達到令人滿意的效果。與之相比，享有“寶石之王”的鑽石則成分單一（碳元素），出產地多，人工合成容易；其次，翡翠具有良好的可觀賞性，其精神、氣韻、色彩是任何其他玉石無可比擬的；第三，翡翠具有極大的適用性，可用其做成各種飾品，適合於不同性別、年齡、職業、社會文化層次的各種人士佩戴；第四，翡翠具有耐久性，其礦物結構緻密、化學物理性質穩定，愈是年代久遠，愈顯現出其天然的優良本色。另外，就投資的技術面而言，投資翡翠比投資古玩等項目更容易掌握和操作。投資古董、文物字畫需具備較多的專業知識，歷史、文化等知識及較強的藝術鑒賞、考證能力，而鑒別翡翠的真偽、把握其品質優劣則容易得多；在保存維護方面，翡翠較古董便利得多，不需佔用多大面積的空間，只要懂得簡易的寶石保養與維護的常識，就能完好無損地保存。

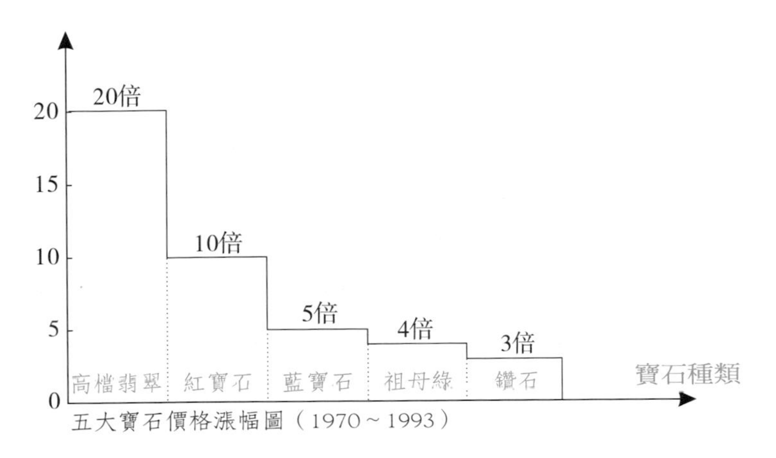

五大寶石價格漲幅圖（1970～1993）

據《珠寶科技》（1998年第4期）中有關資料統計，在20世紀70年代初至90年代初短短的20多年時間內，鑽石價格的漲幅為300%、祖母綠價格漲幅為400%、藍寶石價格漲幅為500%、紅寶石價格漲幅為1000%，而高檔翡翠價格上漲最大，高達2000%，即20倍，圖中的翡翠還不包括特級翡翠，據有關資料記載，自從翡翠走向世界，參與世界貴重珠寶貿易以來，價格直線上升，在所有貴重的珠寶玉石中，只有高檔特級翡翠未受世界經濟蕭條的影響。從20世紀80年代中期至今，特級翡翠的價格暴漲了近3000倍之多。目前，仍在看漲，看漲的原因主要是全球華人經濟的迅速發展以及特級翡翠資源越來越少所致。如果我們回顧得遠些，將18世紀初到現在近200年時間內的同等翡翠的市場價格作一比較，我們馬上就得出結論：現在的翡翠價格與當時比較，簡直高得驚人。

010 戴翡翠有益健康嗎？

不少經營翡翠的商家們，在向顧客介紹自己的翡翠飾品時常說：戴玉有益於身體健康。也常有消費者問我們：“佩戴玉石飾品對人的健康真的有益嗎？”

首先，我們應該肯定，戴玉有益於健康，有其客觀依據。明代偉大的醫學家李時珍在其傳世之作《本草綱目》中記載，玉石具有“除中熱、解煩悶、潤心肺、助聲喉、滋毛髮、養五臟、疏血脈、明耳目……”等功效。在獨具特色、博大精深的中醫藥、藏醫藥中，就有許多屬於寶玉石的礦物入藥，如珍珠、紫石英、辰砂（雞血石）、磁石、陽起石、寒水石（方解石）、滑石、綠松石、琥珀、雄黃、雌黃、石膏等等，用於治療疾病，保健養身。經千百年來科學研究和人民群眾服用實踐證明，這些礦物（珠寶玉石）確有一定的醫療或保健作用；據現代礦物醫學、物理學、化學和生物學的綜合研究的結果表明，寶玉石確有一定的醫療保健效果：某些寶玉石中含有對人體有益的微量元素，如鋅、鎂、鐵、硒、鉻、錳、鈷、銅等。經常佩戴寶玉石飾品，可使這些微量元素通過人體的皮膚、穴位進入人體，由經絡及血液迴圈而遍佈人體，從而在一定程度上起到了補充人體欠缺、平衡生理機能、保健延年的作用（但這是一個長期而緩慢的過程）。根據玉石特有的保健醫療功能、心理調節功能及其具有低溫的物理特徵，結合我國中醫學說中宣導的“頭涼腳溫”的養生理論，人們早已開發出了用數十塊小玉石片鑲嵌或連接成的保健用品——玉枕。玉枕在與人體接觸時會產生靜電和磁場，使人體頭部、頸部的穴位在休息和睡眠中得到柔和的按摩。臨床試驗表明，長期使用玉枕能改善人體的免疫功能，對神經衰弱、美尼爾氏綜合症、頸椎病及頭痛等病症有一定療效，對腦梗塞、腦部疾患後遺症等疾病有一定的輔助治療作用。古代某些權貴使用玉器按摩、健身的史實不必說，就是到了現代，人們還使用玉製的按摩器保健，由此可知，寶玉確有一定的抗病防衰、延年益壽的作用，戴玉有益於身體健康。

傳說中能祛病消災、
延年益壽的葫蘆
（李學中提供）

其次，戴玉有益於健康，是因為寶玉飾品本身使人產生了美好的心理感覺，心理上的愉快安寧必然會對人的生理產生積極的作用，從而使人身體健康。佩戴寶石飾品，在很大程度上是一種精神享受，在佩戴飾品的過程中，人們通過靜觀、把玩和欣賞等過程，會產生許多美好的聯想，從而使精神愉悅、身心舒暢。比如，面對某一件寶玉石飾品，可能有的人的心情會像國外的一位詩人所說的那樣："美的事物在人心中喚起的感覺，是類似於我們面對著心愛的人面前時，洋溢於我們心中的那種愉悅。"以佩戴翡翠飾品為例，上等的綠色翡翠是玉中精品，被尊稱為"玉石之王"，上等翡翠的綠色是很優雅的顏色之一，綠色是希望、和諧、青春、永恆的象徵，深綠色是大自然中森林的主色調，深沉而幽靜，令人心情舒暢、精神安寧。翡翠的綠色給人以積極的遐想，祖國醫學有"肝開竅於目，綠色養肝明目、雜色傷肝傷神"之說。現代科學早已證明，綠色在可見光譜中波長居中，為

490～530納米，它對人眼睛具有保護作用，對人的神經系統具有“安神鎮靜”的作用。所以，綠色能穩定情緒、解除疲勞，使人保持良好的心理狀態。綠色景物可以降低眼壓，消除或減輕精神緊張，所以我們不難理解“戴玉有益於健康”。珠寶首飾不但是一種財富、一種裝飾品，同時也是人們寄託精神的物品。在傳統的玉飾中，有許許多多人們喜聞樂見的吉祥圖樣，如由龍、鳳、鶴、鹿、壽桃、佛手、喜鵲、蝙蝠等等組成的以福、祿、壽、喜為主題的吉慶圖案；由梅、竹、蘭、菊、荷花等組成的象徵人生情懷的君子圖案及寓意成功、順利的駿馬、船帆等圖案，都寄託了人們的願望和理想。在良性氛圍的陶冶中，人們會以積極、樂觀、坦然、安寧的心態面對生活，從精神文明及心理衛生的角度，我們也可以說戴玉對人的健康有益。

翡翠掛件
（據《中國寶石》2000/4期）

第三，對於戴玉是否有益於健康這樣的問題，我們應充分認識到其中的複雜性。玉石的使用、玉文化的發展可謂歷史悠久，源遠流長。自新石器時代玉作為生產工具到今天，玉文化熔鑄了非常豐富、較為複雜的社會內容，在歷史的長河中，難免泥沙俱下。在玉文化的範疇內，精華與糟粕、科學與迷信、真實與虛玄經常交織在一起，共生並存。在玉石、玉器使用和演化的漫漫時空中，它一直有著相當廣泛的生產與生活的功用和價值，但它又經常被人為地虛幻，蘊含著大量離奇的神化和古怪的觀念，如神異觀，認為玉是超自然的靈物，可以通神靈，以玉為藥餌可以長生不老，得道成仙；又如天命觀，認為某人得到某件玉器是前世註定，今生有緣，佩戴了某件玉器可除病消災、避禍得福等等。民間還流傳著一些傳說，認為玉器因為受到了人的重視和賞識、因為戴玉的人心誠，所以玉件在關鍵時刻可以解危，能夠救人、防止人損傷……對於玉的保健作用，現代有人說，某些種類的寶玉石具有特殊的光電效應，在切削加工、研磨成首飾的過程中，這些效應聚集成了一定的能量，形成了一個磁場，它可使人體各部分更協調、精確地運轉，因而對人的健康有利；有氣功專家認為玉是蓄“氣”最充沛的物質之一等等。在沒有事實證明其存在之前，則大可不必在意，不必相信。

綜上所述，我們可以理直氣壯地說，戴玉對人體無害，佩戴寶石飾品有益於人的身心健康，佩戴寶玉石飾品對人體健康的作用，有其物質的、客觀的因素，但精神因素、心理因素占了相當大的比例。常識告訴我們，佩戴寶玉石的保健作用，與作為礦物藥品的珠寶玉石所發揮的作用是無法比擬的，後者作為藥物直接進入湯、散、丸、片劑之中，礦物中的微量元素可以較多地、直接地被人體所吸收，產生祛病強身的作用。而作為飾品佩戴時則不同，因寶玉石是具有相當硬度、相當穩定性質的物質，其中的微量元素很難游離出來，或很少附於飾品的表面，從而被皮膚的毛孔及皮膚下的經絡、血液所吸收，即使吸收，因為量很微小，要對人體產生作用，則要經過很長很長的時間，且作用是很有限的。所以，過分地誇大佩戴寶玉石飾品的保健作用，甚至將其神化，是不符合實際的，也不利於珠寶玉石飾品的普及、研究和發展，言過其實，就有失信於民、產生反作用的危險。

011 戴翡翠能否避邪防災？

中國的玉文化包含的內容很多。可說源遠流長，博大精深，正如其他文化一樣，玉文化中也有許多牽強附會，甚至可以算為糟粕的東西。我國民間的傳統習慣認為，佩戴玉器可以逢凶化吉，避邪消災，使人交上好運，受此觀念影響，有人認為，戴翡翠飾品能防止跌傷（或認為玉器能代人跌傷），對此，少數人奉為信條，深信不疑，也有一部分人半信半疑，持“人云亦云”的態度。

翡翠靈芝掛件
（寓意吉祥、去疾、避害）

我們認為，上述觀點缺乏科學依據，消費者可以不必在意，至於對玉器能避邪一類觀點，“信則似乎有，不信則全無”的體驗，正說明這僅僅是一種心理因素的作用。玉器商人為了達到自己發財致富的目的，迎合了人們保平安、盼吉順和發財的心理，於是大量製作和銷售諸如彌勒佛、觀音、八卦、十二生肖一類翡翠飾品，這些飾品受到人們接受和喜愛是正常、可以理解的，因為生活需要裝飾和點綴，人的精神需要有某種安慰和寄託。筆者認為，佩戴翡翠玉件能逢凶化吉，避邪發財之說，只不過是一種良好的願望而已，將翡翠飾品作為裝飾自我、美化生活的物品，倒確實是有益無害，但若過分地渲染，誇大其作用，則是不對也不必的。至於佩戴玉器能防止跌傷，則更沒有什麼科學的道理，但據說人們因為自身佩戴了珍貴的翡翠一類玉器首飾，在日常生活裏，如行路、上下樓梯及乘坐車船等情況時，特別小心，不願與別人爭先恐後，因而減少了跌摔的可能，這倒是符合邏輯的推理，但如果換一種思維方式，對另一些可能遇到的問題進行反推呢？同樣可以得出符合邏輯的相反的結論，所以說，具有迷信色彩的觀點不足信。

觀世音菩薩

又據說，有的人確實出現過在跌倒時，僅僅摔碎了所佩戴的玉器飾品，而人的身體未受到任何的損傷，那也是一種偶然的情況，而並非玉器能“捨身救主”和“保人平安”。還有人說，玉器能作為護身符，這又如何解釋？筆者以為，佩戴護身符產生的作用，大多屬於心理因素和精神作用所致，很多護身符是由自己的長輩、師友所贈，佩戴上由自己最信賴、尊敬之人送的物品，無形中就獲得了一股精神力量，當遇到困難和艱險時，一想到“護身符”，就會想起自己的親人和師長，有時精神上的力量就能支持著使人渡過難關，如果這“護身符”不是玉、不是翡翠，而是由其他材料做成，也同樣會使人產生類似的精神作用。

翡翠掛件（吉祥鳥）

012 什麼是“璧”？玉璧與翡翠有無聯繫？

在我國，關於“和氏璧”的曲折經歷和動人故事家喻戶曉，只要談到“璧”，人們馬上就會意識到珍寶、財富、價值，就會想到“完璧歸趙”的歷史故事。那麼，什麼是“璧”？佩戴或使用玉璧在玉文化中有何寓意？古人對“璧”為何如此鍾愛，成為了廣大玉器愛好者、翡翠愛好者非常感興趣的話題之一。

最初，璧是一種扁平、圓形，中間有孔，而孔徑小於玉身半徑的器物或飾品。在此基礎上，又派生出了像“8”字形（葫蘆形）的雙聯玉璧和在“8”字上頭再增加一個圓圈的三聯玉璧。與玉璧類似的器物或飾品還有玉環和玉瑗。玉璧自新石器時代以來一直是人們喜愛的玉器之一。玉璧的原始形狀如下圖所示：

在現代玉雕掛件（佩件）中，特別是翡翠掛件（佩件）中，基本上已見不到三聯玉璧，但可見雙聯玉璧，而單體玉璧歸入了玉扣的範圍內，目前仍在市場中大量流行。

a—戰國時玉璧

b—清代玉璧

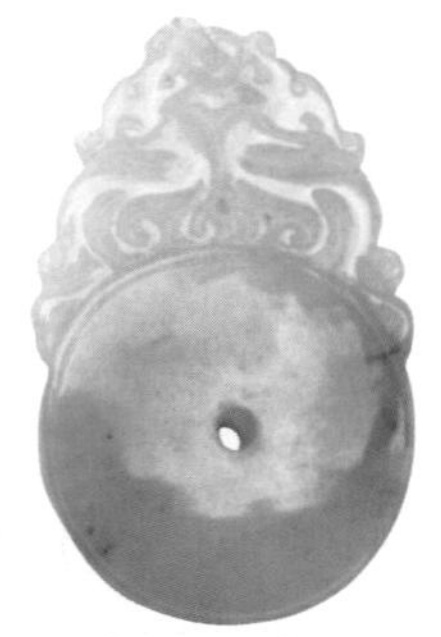

c—現代翡翠玉璧

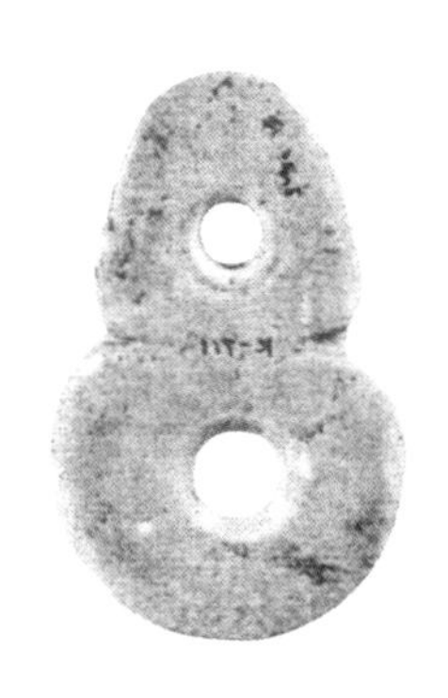

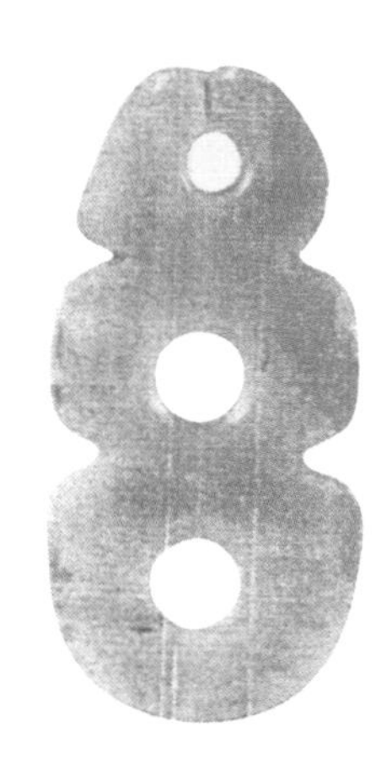

雙聯璧和三聯璧（據紅山文化）

在古代，人們使用或佩戴玉璧，是因為玉璧具有多種功能或寓意：其一，玉璧圓的外形象徵蒼天，中間的圓孔則象徵太陽，故它是原始先民用來祭祀蒼天和太陽，祈求平安和豐收的禮器，據有關文獻記載，禮天是玉璧最重要的功能。其二，據文獻記載和出土文物證實，玉璧又是古代的葬器之一。其三，中國古代先民認為“天圓地方”，因璧圓象徵天，在玉文化的演變過程中，璧與男性、天、陽、乾等概念聯繫在了一起，故璧本身承載了眾多的人文內涵，在玉文化、玉觀念的發展過程中它就有了辟邪禳災的作用。其四，作為佩飾，在古代它還是財富、身份的象徵。在現代，璧的前兩項功能或寓意早已消失或被大大弱化，但第三項、第四項寓意一直延續了下來，單體玉璧—— 一種玉扣，在如今的翡翠市場上被人們稱為“平安扣”或“吉祥扣”，成為適合男女老少佩戴的、適應性最為廣泛的玉器飾品之一。

玉璧與翡翠是否有聯繫？可能有人會認為玉璧與翡翠根本扯不到一塊，原因是歷史文獻記載“楚人得玉璞於楚山中”，即當年卞和荊山抱玉，其地點在今天湖北省西部的南漳縣北80里（據《明統一志》）一帶；還有一種觀點，認為卞和荊山抱玉，地點在今神農架倉坪與宋洛河一帶——古荊山包括神農架前區（據郝用威《和氏璧產地》）。而翡翠產自緬甸，離古荊山甚遠，按當時的交通條件，翡翠原料不大可能流到荊山一帶；再說，和氏璧具有“側而視之色碧，正而視之色白”的特徵，顯然，翡翠不具備這樣的變彩效應。但是，卞和、和氏璧又確確實實與翡翠，與鑒賞翡翠、加工翡翠、經營翡翠的人們有著割捨不斷的聯繫。在號稱“極邊第一城”、翡翠集散地的雲南省騰沖縣，人們就可以感受到玉璧與翡翠有著密切的聯繫。

你如果有機會到雲南省騰沖的來鳳山上，就可以看到一座人們為相玉大師卞和建造的、由中國玉器研究會會長楊伯達先生考證為全國僅有的相玉“祖師殿”——這是騰沖翡翠產業發展的歷史見證。騰沖與緬甸山水相連，自古就是西南邊陲的重要通商岸口，古代“南方絲綢之路”，就是通過騰沖進入緬甸，然後再通往其他相關國家。據資料記載，騰沖人首開翡翠加工的先河，騰沖人經營翡翠已有600多年的歷史。在識別、加工、經營翡翠的過程中，騰沖人景仰春秋時期卞和識寶的超凡眼力，景仰卞和堅貞、執著的信念和獻身精神，滿懷深情把卞和從千山萬水之外請到騰沖這塊翡翠的熱土上“安家落戶”，尊為“相玉祖師”，建造殿宇供奉膜拜。來到卞和殿內，但見卞和大師正襟危坐，神態儒雅安祥，炯炯的目光中，透出卓識與智慧，似能洞穿世上玉石毛料的真況假像。

卞和雙手捧一輪寶玉，那就是人們所想像的和氏寶璧。殿內懸掛有天下名士趙藩題匾“秀挺昆山”和騰越地方達人手書的

白玉祖师像

騰沖的相玉“祖師殿”

“不憚梯山求異寶，遍從航海獲奇珍”等寓意深刻的對聯，使人對卞和的求真精神肅然起敬。

千百年來，在某些史書中或民間傳說中，認為“和氏璧”被秦始皇製作成了秦朝的玉璽，即後來的“傳國玉璽”。我們根據玉璧的尺寸和結構特徵，不難推斷：璧不可能製成璽，“和氏璧”與“傳國玉璽”沒有任何關係。

013 什麼是玉扣?玉扣與哪幾種古代玉器相似?

玉扣在現在的玉器市場,特別是翡翠市場中隨處可見。玉扣是一種圓形薄餅狀、中間有圓孔的玉器飾品。在珠寶界，玉扣還有平安扣（吉祥扣）、玉錢、懷古等別名。

在現代，玉扣外徑大致50～60毫米，甚至更大，小到外徑6～8毫米，或許還有更小的，不同大小的玉扣供不同的人們作不同用途的選擇。現代製作的玉扣，實際上是一種自古代演變過來的仿古玉器，只是精良的現代工藝使其造型更簡練，更精美，更雅致罷了。

消費者使用的翡翠玉扣和古代使用的玉璧（單體）、玉環和玉瑗屬於同一系列的飾品。在現代，對圓餅形玉件內孔的孔徑大小沒有過多的講究和嚴格的規定，只要符合比例，看起來美觀就行，而古代則不然。現將中央孔徑和玉身半徑關係不同的三種圓餅形的古代玉器的簡圖表述於下，供大家與現代玉扣作一比對：

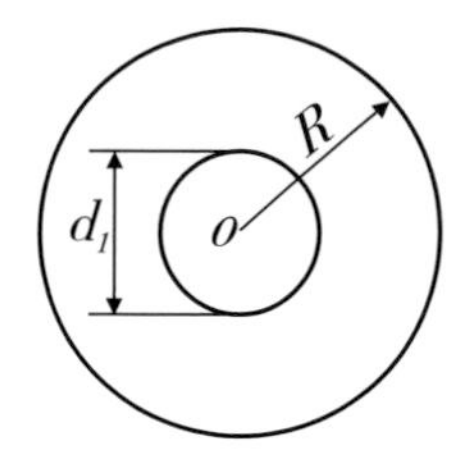

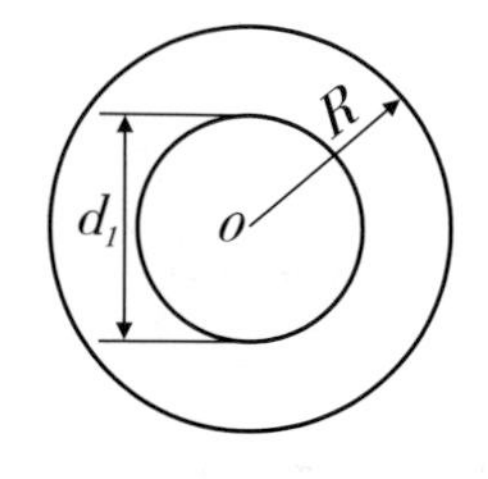

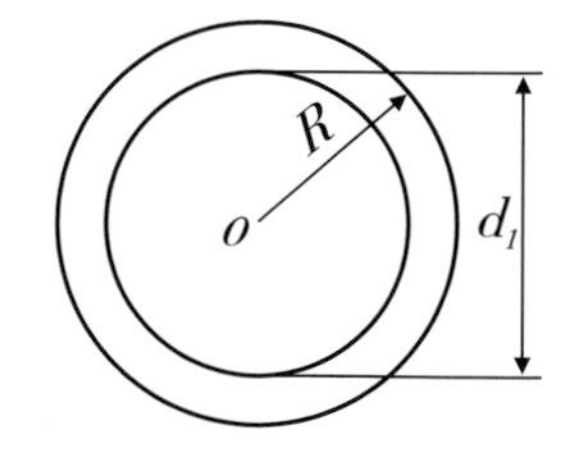

三種古玉器示意圖

a.玉璧（單體）　b.玉環　c.玉瑗

我們從以上簡圖不難發現：

玉璧：$d_1<R$，　即中間圓孔直徑小於玉身實體尺寸R；

玉環：$d_2=R$，　即中間圓孔直徑等於玉身實體尺寸R；

玉瑗：$d_3>R$，　即中間圓孔直徑大於玉身實體尺寸R。

顯然，玉扣屬於尺寸極小的玉璧，即一種尺寸極小的素面玉璧。

翡翠平安扣：形似古代素面玉璧

014 只有“大戶”才有條件消費翡翠飾品嗎？

珠寶玉石飾品作為高檔或特色消費品與紀念品，人們在這方面的需求較以前日趨旺盛，然而，中國的珠寶市場的發展與繁榮和發達國家相比，大眾化的消費還相當有限，究其根源，有經濟收入有限的因素，也有消費習慣、價值觀念及對珠寶玉石的認識不夠等種種原因。

現今，在上班族中，有不少人覺得自己是工薪階層，收入有限，似乎只有“大戶”才消費得起翡翠飾品。人們之所以有這樣的觀念，一方面是對珠寶玉石、對翡翠缺乏必要的瞭解，另一方面是因為片面宣傳而造成的一個消費偏見。翡翠有“玉石之王”的美譽，因而在消費者心目中，普遍以為其價值一定都很昂貴，再加上在不少介紹翡翠的書刊中，較多地偏重於報導翡翠如何高貴，其價格如何高昂，例如一塊小小的翡翠價值幾十萬、幾百萬甚至更高等等；在相當多的珠寶店裏，翡翠飾品的標價也常常高得嚇人（實際是高標價低成交），更加深了人們對其價值的片面認識，從而不敢貿然進入翡翠商場（店），翡翠與許多人自然就無法結緣了。

其實，翡翠也有高、中、低多個檔次之分，就目前的翡翠市場情況來看，真正佔優勢，占消費的主導地位的是中低檔翡翠飾品，這些翡翠的價格從幾十元到數千元不等，人們的選擇餘地很大，在昆明市場中，有分特高、高、中、一般、低等多個檔次（價格）的翡翠。而特高檔、高檔的僅占極少數，中檔和一般檔次的翡翠飾品占了絕大多數。筆者在99’昆明世界園藝博覽會期間，與同事一道，親手檢驗、鑒定了近10萬件各種類型的翡翠飾品，其中價格在200~500元的占70%左右，大於500~1000元的占22%左右，大於1000~5000元的占6%左右，5000元以上的僅占2%左右，這組統計資料指的是經過檢驗鑒定的翡翠飾品，還有因價格低廉，用不著品質檢驗人員親手檢驗的翡翠製品，如以10多元起價的翡翠觀音、笑佛、生肖、動植物小掛件等等，這種從10多元起價至100多元、200多元的翡翠飾品，常常能夠滿足大眾化的消費需求。在雲南昆明等地，花上三五百元人民幣，就可買上一隻戴得出手的翡翠手鐲，花上二三百元人民幣，亦可買到一件品質不錯，看上去很順眼的翡翠掛件。若是只考慮觀賞因素，則購買經過處理的翡翠玉件，如“巴山玉”一類，價格還可更低……可見，工薪階層是完全可以加入翡翠消費者的行列的，普通百姓、尋常人家擁有翡翠首飾是沒有什麼問題的。當然，如果有條件也願意花錢，那麼花上幾萬、十幾萬、幾十萬甚至更多的錢，去買一件高檔或特級翡翠飾品，那是非常好的消費了，但這樣的翡翠飾品也不一定就盡如人意，盡善盡美。珠寶消費的無深淺，無止境就是如此！

不同檔次的翡翠手鐲：

a—中高檔　　b—中檔　　c—中低檔

需要指出的是，購買翡翠等珠寶飾品，並不能完全從價格上來衡量其真正的價值和使用效果。首飾的首要功能是裝飾美，其次才是尋找某一種感覺和心理上的平衡。高檔的翡翠飾品固然華貴迷人，但中檔、一般檔次的翡翠也不乏其獨到的內在和外在的美。再者，人們的消費層次有差異，這正好適應了翡翠有不同檔次這一現實，只要所選擇的翡翠飾品與自己的個性、心願和實際情況相符合相協調，那麼，不同檔次的翡翠飾品，其功能和內涵都基本上是相同的。

翡翠雕件

015 目前珠寶市場上翡翠飾品價格狀況如何？

目前，我國珠寶市場的秩序越來越規範，在正規珠寶店中，已經不存在以假充真的情況。在解決了真假問題後，價格成為了一個極為敏感的問題。翡翠在市場中的價格和以往相比，到底怎麼樣？是所有消費者最關心的問題之一。

雖說黃金有價玉無價，但對於進入市場流通領域、作為商品進行買賣的玉器來說，玉還是有價的，只是玉器的價格不可能界定為某一個具體的數值，而是一個價值範圍。與其他的商品相比較，這個價值範圍有彈性，在不同的場合，玉價的彈性較大也是合理的。但對於玉器的定價，如果完全沒有一定的規律和根據，片面強調玉器價格的不確定性，則玉的價格問題必將會成為制約這一行業發展和消費的瓶頸。

與前二十年、前十年、前五年相比較，目前翡翠飾品的價格走勢的特徵是：低檔、中檔翡翠的價格呈下降的趨勢；中高檔翡翠的價格基本穩定並略有上升；高檔，尤其是特級翡翠的價格一直呈上升態勢，即高檔和高檔以上的翡翠飾品不但能保值，且能較大程度地升值。

以中、低檔的翡翠為例，前二十年、前十年買的水頭、光澤尚可的油青種翡翠手鐲，當時的價格約為800～1200元人民幣，而現在三五百元，甚至二三百元人民幣就能買到；1999年在昆明的市場中，買一隻水頭、光澤尚可的豆種翡翠手鐲，至少要花一千元，但如今同樣品質的貨，在同樣的地點僅用五六百元錢即可買到；在昆明，1999年價格為　兩千元的翡翠玉佛、觀音、掛件一類飾品，如今在昆明花鳥市場景星珠寶樓內，幾百元就能買到同樣的東西；一隻巴山玉手鐲，十年前可值五六百、八九百元甚至更高，而如今僅值二三百元甚至更低。再說得遠一些，有少數家庭藏有清代的、由前輩贈給的帶綠、水頭一般、工藝一般的翡翠戒指、耳墜、胸墜之類飾品，在幾百年、或幾十年前，人們普遍認為很貴，可作為傳家珍品，而在目前的翡翠市場中我們會感到，那時民間使用的翡翠製品品質其實很一般，現在看起來很普通，價格也不高。當然，現在市場中的同類翡翠製品沒有歷史、人文、感情等價值因素，所以不貴。

中高檔翡翠的特徵是種好（晶體細膩、結構緻密），水好（明亮、透明，有靈氣）淨度好，無瑕疵或微瑕疵，有一定的顏色——如綠色、紫色等，工藝精良。中高檔翡翠的整體感覺通靈、高雅、清秀，看上去很協調，很舒服。這一檔次的翡翠有冰種、蛋清種、芙蓉種、紫羅蘭、種水佳的淺綠或非滿綠的翡翠、鐵龍生等。中高檔翡翠很適合白領階層，或具有一定經濟實力、有品位的人士佩戴，中高檔翡翠的價格穩，穩中有升。

高檔、特級翡翠的特徵是種好、綠正、水好、純淨度好。高檔、特級翡翠主要在老坑玻璃種翡翠中出現，特級翡翠是老坑玻璃種中的上品。這檔次的翡翠幾百年來價格只漲不跌，原因是高檔特級翡翠是世界上所有玉石中最美麗、最具欣賞價值的珍品，高檔特級翡翠生成的地質條件十分苛刻，資源十分稀少，且越來越少，在現在已知的環境中不可能再生。據有關資料統計，特級翡翠的價格在上個世紀80年代初至90年代末的不到20年的時間內，價格上升了近3000倍。高檔、特級翡翠製品，如戒面、手鐲、項鏈等，其價格在十幾萬、幾十萬、上百萬甚至千萬元以上。以這樣的價格成交的例子，不只是在拍賣會上，在翡翠市場中，也常有發生。

因為高檔、特級翡翠在自然界中十分稀少，用其加工成為使人滿意的飾品就更加難得。儘管目前市場中各種各樣的珠寶物品很多，但你要在其間遇到一件材質好，款式、內涵又很滿意的翡翠飾品，就帶有一些偶然性，這就是人們所說的玉器“可遇不可求”和人與玉器之間存在著似有似無的“緣份”的道理之一。

也許有讀者會問，隨著時間推移，玉石資源越來越少，玉器的價格肯定是看漲，即現在的玉價都是比以前高，而為什麼你卻說目前翡翠的價格有跌有漲，有升有降，你的觀點有什麼根據和道理？其實，根據很簡單，那就是市場的真實情況；道理也完全可以理解：首先，目前緬甸的翡翠資源並沒有枯竭。近年，地質界、珠寶界的專家到緬甸考察，得出了緬甸的翡翠礦藏量，尤其是中低檔翡翠的蘊藏量仍然很豐富的結論。第二，這些年來，緬甸的翡翠開採，已經由以前原始的、小規模的、簡陋工具的人工開採，改變為較大規模的機械化的開採，因此翡翠原料的產量大增，中低檔翡翠原料的價格有所下降。第三，翡翠飾品的製作工藝，已經由原來落後的、小作坊式的、低效率的製作方式，提升為使用科技含量較高的設備，進行高效率、高品質、規模化產出的生產方式。製作成本大大低於純手工的落後操作，中、低檔翡翠製品目前有供大於求的趨勢。第四，以往翡翠原料和成品的流通管道不暢，而今，翡翠的流通管道可以說是通暢、便捷，這一環節的成本得到了減少。第五，雖然中低檔翡翠原料不少，但高檔、特級翡翠原料很少甚至是微乎其微，而由於社會經濟的發展，市場對高檔、特級翡翠的需求越來越多，所以，高檔、特級翡翠價格上漲是必然的趨勢。

鑑別篇

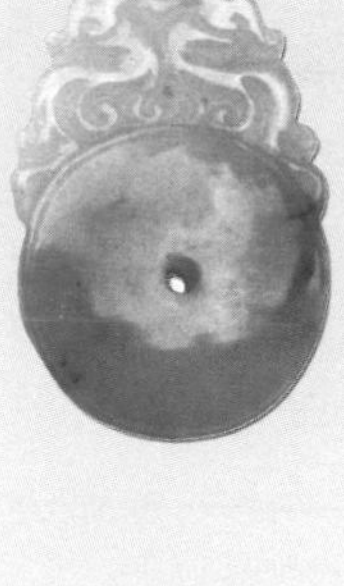

016 鑒別翡翠有哪些常規的方法？

當我們面對一塊玉料或玉件，首先，要判斷它是什麼物質，是什麼玉，是不是翡翠，然後才考慮它是否經過處理，它的品級如何？品質怎麼樣？價值到底如何？科技工作者鑒別翡翠的方法多種多樣，在一般情況下，這些鑒定的方法概括起來不外乎有三類，感觀識別、儀器檢測和液體鑒別。

感觀識別

必須指出，感觀識別必須以專業知識和實踐經驗為基礎，缺一不可。感觀識別歸納起來是“一看、二摸、三掂、四聽”。

看：看特徵，看結構，看色澤，查瑕疵——翡翠的特徵是具有“翠性”（俗稱蒼蠅翅），即由其內部粒狀、片狀或纖維狀的斑晶解理造成的星點狀閃光；翡翠的結構具有變斑晶交織的特徵，在半透明粒狀斑晶的周圍有細小的纖維狀的礦物晶體交織在一起，結構的疏密，晶體的粗細是評價翡翠地質好壞，也是衡量翡翠品級高低的依據；翡翠成品一般具有玻璃、亞玻璃或半玻璃光澤，顏色不勻，而軟玉、岫玉等與翡翠相似的玉常具蠟狀光澤和油脂光澤，顏色大多均一，有經驗的鑒定人員或商家從色澤上便可以看出玉件是否為翡翠；借助於燈光或自然光，查看翡翠實體內是否有雜質，裂隙等，再結合其他指標，估計出翡翠的品質好壞，品級高低，是“查瑕疵”的目的。

摸：翡翠傳熱，散熱快，貼於臉上或置於手背上在短時間內有冰涼之感；翡翠硬度大，結構緻密細膩，經拋光後可具有很高的表面光潔度，手摸時滑感明顯。

掂：翡翠的密度為3.34g/cm3 ，高於與其相似的軟玉、獨山玉、岫玉、澳洲玉、馬來玉（染色石英岩）、硬鈉玉和葡萄玉等。但又低於青海翠（鈣鋁榴石）、特薩沃石（水鈣鋁榴石）等。有經驗者可通過掂重，即可初步判斷出一塊玉料或玉件是否為翡翠。

聽：仔細聽成品之間的碰擊聲，可以大致辨別玉件是否為翡翠，是什麼樣的翡翠（是否經過酸洗、處理）。天然的，尤其是質地好的翡翠玉件，碰擊時發出的是清純悦耳的“鋼音” 。聽，要有比較的聽，或具有一定的經驗作為基礎，才能根據音質大體判斷玉品質。

儀器檢測

在翡翠的鑒定中雖然也使用電子探針、紅外光譜和拉曼光譜儀等高科技的設備儀器。但這些高科技的儀器（鑒定方法）僅僅是在遇到複雜、疑難問題時才予以運用，在檢驗、鑒定工作中，我們更多地使用的是一些常規的儀器。通常，珠寶檢驗、鑒定工作者經常使用以下儀器鑒定翡翠:

寶石顯微鏡：寶石顯微鏡的放大倍數通常為10～80倍。它可清楚地觀察翡翠的表面結構及內部組織特徵，可判別被測物是否為翡翠，是天然翡翠還是經過處理的翡翠（翡翠B貨、C貨），可清楚地觀察到翡翠表面或內部的瑕疵，還可觀察到組合石的接合面等等。

聚光手電筒和掌上型放大鏡：在無寶石顯微鏡或不便攜帶顯微鏡的情況下，使用聚光手電筒和掌上型放大鏡。聚光手電筒主要用透射法或反射法結合放大鏡觀察翡翠的透明度、質地情況、顏色和瑕疵等。有時配合查理斯濾色鏡分辨、觀察被檢測物是不是翡翠，是否為染色處理的翡翠。掌上型放大鏡有5倍、8倍、10倍、15倍和20倍不等，其中以使用10倍和20倍為宜，而以10倍的最為有用，它不僅可觀察翡翠等珠寶內部的情況及其他瑕疵，而且在珠寶貿易中，涉及到珠寶的缺陷時（如裂紋、黑點、斑塊等），常以10倍放大鏡下觀察的結果為品質評價的依據，從而確定其價值。

折射儀：折射儀是辨明珠寶真偽的最直接、最有效的儀器之一。翡翠的折射率為1.650～1.680，點測法為1.65～1.67。通常為1.66。但須指出：天然翡翠與經處理過的翡翠折射率相同。

分光儀：寶玉石對白光具有選擇性吸收作用，當白光通過寶玉石時，某些波長的光波會被吸收，不同的寶玉石對光波的吸收情況不同，而寶玉石的選擇性吸收作用，與其致色元素的種類相關。因此，分光鏡是識別寶玉石顏色真假最有力的手段，實際中常用其識別真假翡翠、識別染色翡翠。

由鉻（Cr）致色的寶石級綠色翡翠，在吸收光譜中，紅光區630、660、690nm處有三條階梯狀的細吸收線；一般的翡翠，只

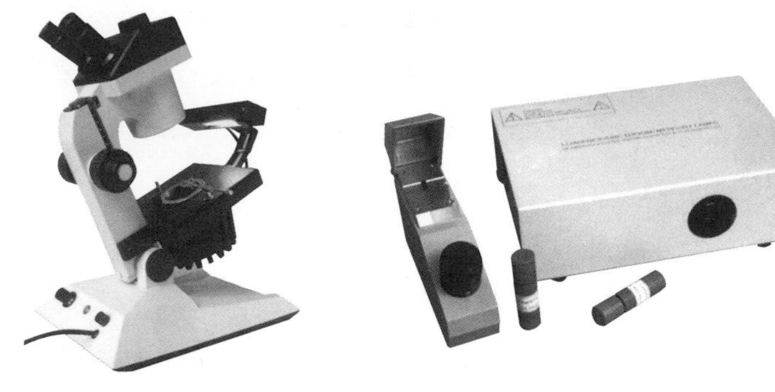

顯微鏡　　折射儀

在紫光區437nm處有一條明顯的黑色吸收線；而經人工染色為綠色的翡翠，在紅光區650nm附近區域有較密的吸收帶。

偏光儀：翡翠為多晶質集合體，其組成礦物硬玉為單斜晶系、二軸晶正光性。所以在偏光儀下不消光，即全亮。

比重天秤：現在測定密度更多的是使用精確度高的電子天平。用靜水力學法（密度法）測得翡翠的密度為3.34g/cm3（+0.06, -0.09），密度是翡翠區別於其他相似玉的一條重要的指標。

標準硬度計：翡翠的硬度為6.5～7，它能被水晶（硬度7）的硬尖刻劃，而不能被長石（硬度6）的硬尖刻劃，利用這一性質可作為鑒定時的參考依據。

查理斯濾色鏡：檢測過程中，凡是在查理斯濾色鏡下變紅的，都不可能是天然翡翠；但反過來，不變紅的也不一定就是真貨，因為有些染色翡翠、鍍膜翡翠及鐳射致色翡翠等，在查理斯濾色鏡下仍不變紅。

紫外螢光儀：螢光燈是由長波（365nm）和短波（253.6nm）兩種紫外燈管組成，對螢光的觀察僅僅是一種輔助檢測手段，不能單獨用其來確定翡翠。在紫外線照射下翡翠無螢光或呈弱白、綠、黃的螢光。對經處理的翡翠，如經過注膠的"巴山玉"，其螢光呈紫羅蘭、淺粉紅色或淺草黃色，經染色處理的翡翠在紫外燈照射下其螢光有時也不同于天然翡翠。

液體鑒別法

重液法測密度（比重）：為鑒定寶玉石，一般並不需要測出它們準確的密度（或比重），只要知道密度（或比重）在哪個範圍就夠了。翡翠的密度為3.34（g/cm^3），而與其相似的玉石如軟玉、獨山玉、岫玉、石英岩質玉（如“馬來玉”等），它們的密度都低於3.1g/cm³，鈣鋁榴石，水鈣鋁榴石，符山石、鈉鉻輝石等玉石的密度都高於3.34g/cm³。因此，為區別翡翠與相似的玉類，只需測出它們的密度是大於3.34，還是低於是3.1即可。

重液是一些比重較大的液體，在對翡翠的鑒別中，常用的重液有兩種：

二碘甲烷，黃色液體，比重3.32g/cm³

三溴甲烷，微黃色液體，比重2.9g/cm³

在鑒別工作中，用二碘甲烷來鑒別翡翠：將玉石投入重液，比重大於重液的會下沉，比重小於重液的會上浮，比重正好與重液相等或很相近的玉石，則保持懸浮狀。因此，翡翠玉件在二碘甲烷中呈懸浮狀，馬來玉（染色石英岩）、軟玉、岫玉等漂浮於液體之上，鈣鋁榴石、符山玉等密度大的玉石則迅速下沉。

液體法（油浸法）測折射率：折射率是寶玉石最重要的光學性質，也是甲寶石區別于乙寶玉石的重要依據。透明寶玉石在空氣中看起來輪廓十分清晰，這是因為寶玉石的折射率和空氣的折射率不同，造成光線的折射率的反射所致。我們將一塊棱面平整的冰放入水中，就會發生這樣的有趣的現象：我們幾乎看不到冰的存在，這說明冰與水的折射率相近。同樣，將一塊透明寶玉石浸入一種折射率與之相近的透明液體中，我們將觀察到，該透明寶玉石在液體中會“消失”，這時對被測物的可見度決定於寶玉石折射率與液體折射率的接近程度，二者折射率越接近，投入物體的形象越模糊；反之，則越清晰。根據這一原理，在高檔（透明度佳）翡翠的鑒別中，有時使用一溴萘（折射率=1.66）油液來區別與翡翠相似的贗品。具體操作和識別過程：將高檔翡翠浸入一溴萘油液中，若看不見被測物，則説明被測物是翡翠；若看能見油液中的浸入物，則被測物肯定不是翡翠。

需要強調的是：一個合格的珠寶鑒定師，應同時具備感觀識別，儀器檢測和液體鑒別的本領和技能。另外，以上列出了幾乎全部的常規鑒別翡翠的方法，而在實際當中，僅用眾多方法中的一種或幾種就行了。

017 鑒別翡翠有哪些高科技方法？

通常，珠寶檢驗人員更多地是使用常規的鑒定方法和儀器。但是，當遇到複雜、重大和疑難問題時，譬如遇到了品質糾紛、品質投訴問題，投訴方和被投訴方各執己見時；當不同的檢驗機構對某一檢驗結論意見不一致時，就必須鄭重地進行仲裁檢驗並得出一個正確的權威性的結論；或者當遇到似是而非，用常規的儀器、常規的方法和經驗解決不了的問題時，就必須應用現代高科技的檢測儀器和分析方法，對所測珠寶的實際狀況做出準確無誤的分析判斷。

鑒別翡翠真偽，尤其是鑒別翡翠是否經過了充填（注膠）處理，常用的高科技設備儀器有紅外光譜分析儀、拉曼光譜儀、電子探針探測儀和分光光度計等，現對它們作簡要的介紹。

紅外光譜分析儀

紅外光譜儀在珠寶檢驗中可解決三個方面的問題，第一，可鑒定寶石的品種，如可鑒別所測之物是翡翠還是青海翠等等；第二，可以鑒別天然寶石和合成寶石，如市場中有許多水晶球，而天然的水晶內部也有很純淨的，如何準確區分天然水晶與合成水晶，是經常困擾檢驗人員的一個問題，而應用紅外光譜儀就可以輕易地將天然品與合成品區別開來；第三，紅外光譜儀可有效對經過處理的寶玉石做出鑒別，如市場中存在的一些高檔翡翠B貨，用常規的方法幾乎看不出來，而紅外光譜對測定那些漂白後又經注膠的翡翠效果很好。翡翠B貨因加入大量的有機固化劑如環氧樹脂、聚苯乙烯、磷苯二甲酸類化合物等。因此使其在紅外光譜圖的2600~3200 cm-1範圍內，尤其是在3035 cm^{-1}左右有明顯的膠料（羥基）的吸收峰，如圖所示，而天然翡翠在2600~3200 cm^{-1}區間透過率很好，不存在吸收峰。

拉曼光譜儀

拉曼光譜儀是根據拉曼效應對分子的結構進行比對研究的一種方法。用拉曼光譜儀測試寶石的原理是：當一束光照射到寶玉石表面時，一部分入射光透過物質，一部分在寶玉石介面上產生反射。此外，還會在寶玉石的不同方向上出現很微弱的散射光。散射光中大部分是與激發光波相同的彈性散射光（瑞利散射），還有比激發光波長的稱為“斯托克斯線”，比激發光波短的稱為“反斯托克斯線”，這種現象稱為拉曼散射效應。

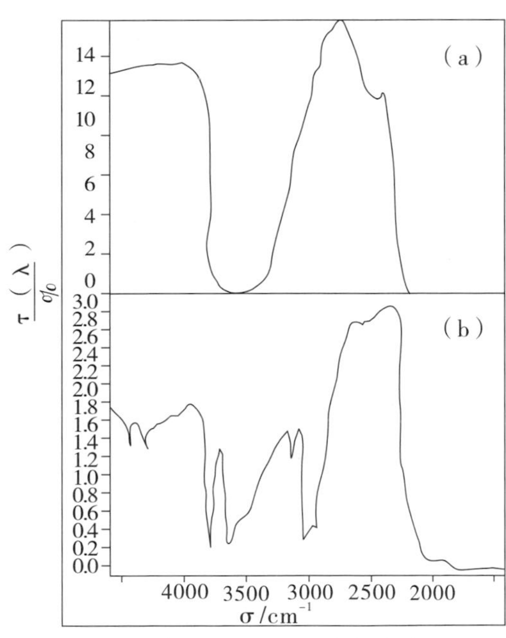

翡翠（A貨、B貨）紅外光譜圖
a.天然翡翠　b.處理（注膠）翡翠
（據張蓓莉《系統寶石學》）

拉曼光譜儀可以提供一種無損的、不接觸寶玉石的快速準確的方法。拉曼光譜儀在寶玉石檢測方面主要有三個方面的用途：第一，用來確定寶玉石的名稱，如是不是翡翠，由拉曼光譜圖可以確認判斷；第二，用來研究寶玉石內部包裹體的狀況，可測出距寶玉石表面5mm深處的小至1um的包裹體的資訊，從而對寶石的成因、產地和品種的鑒定提供證據；第三，用來區別天然或經過優化處理的寶石，如翡翠浸過蠟或注過膠（B貨）。充填物質的鑒定曾給常規的寶玉石鑒定方法帶來了很大的困難，但採用拉曼光譜儀卻能很好地解決這些問題，在大多數情況下甚至可以鑒定出充填物的種類。

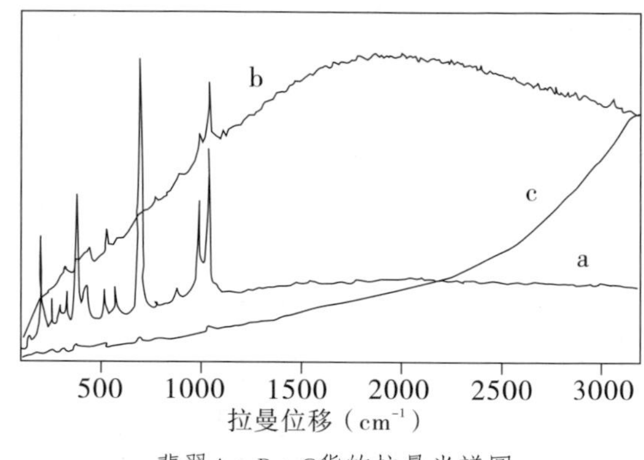

翡翠A、B、C貨的拉曼光譜圖
（昆明理工大學陳大鵬等供圖）

電子探針

電子探針的全稱為“電子探針X射線顯微分析儀”，是一種很精密的微區化學成分分析方法，其原理是利用高能電子來轟擊被測樣品，激發樣品並使之產生特徵X射線信號，這種信號的波長與樣品所含元素的種類有關，信號的強度與元素的濃度有關。從而對樣品所含元素做出定性、定量的分析，如表就是應用電子探針對白色翡翠、高檔綠色翡翠所含化學成分的分析結果。

電子探針在寶玉石檢測鑒定方面的應用主要是用其快速、無損地測定露於寶玉石表面色體的成分；測試寶石不同部分、不同方向元素含量變化。該方法的優點在於無損快速，光束面積小，分析的能量低，對寶石無任何損害，同時獲得寶石測量部分的化學成分。

分光光度計

白色翡翠和翡翠電子探針
所分析出化學成份（%）

序號	成份／樣品	SiO_2	Al_2O	Na_2O	K_2O	FeO	CaO	MgO	Cr_2O_3
1	翡翠（白色）	60.77	24.18	13.39	0.00	0.52	1.13	0.00	0.00
2	翡翠（翠綠）	59.24	13.56	9.05	0.00	1.76	10.31	5.83	0.25
備註	1.化學式$(Na_{0.88}Ca_{0.04})_{0.92}(Al_{0.95}Fe_{0.01})_{0.96}Si_{2.02}O_6$ 2.化學式$(Na_{0.610}Ca_{0.384})_{0.994}(Al_{0.555}Mg_{0.18}Fe_{0.03}Cr_{0.005})_{0.969}Si_{2.048}O_6$								

分光光度計運用可見光分光鏡直接地看到各種寶玉石明顯的光譜吸收線（帶）和螢光光譜圖，分光光度計有紫外一可見光分光光度計和紅外分光光度計。寶玉石鑒定中應用最多的是紫外一可見光分光光度計，它是以朗伯一比爾定律為基礎，通過測定寶玉石在某一特定波長處或一定波長範圍內的吸光度，對寶石內部的某些成分作出定性、定量地分析及結構表徵。

分光光度計是寶玉石鑒定師最有用的儀器之一，紫外一可見光分光光度計的波長範圍為190~850nm；紅外分光光度計的波長範圍為400 ~ 4500 cm^{-1}。分光光度計的檢驗精度較高，對人眼難以察覺那些僅部分被吸收的譜區，以及可見光以外的紅外區和紫外區，使用分光光度計都能察覺到實際存在的資訊。

018 與其他玉石相比，翡翠有哪些重要特徵？

與和田玉、獨山玉、岫岩玉、石英質玉等常見玉石相比較，翡翠在肉眼或鏡下觀察，有三個明顯的特徵：

翡翠具有區別於其他玉石的結構，具有“翠性”

結構（商業俗稱：“種”），是指組成礦物的顆粒大小、形態及相互關係，結構的總和構成一塊玉的質地。

無論是翡翠成品還是翡翠原料，只要在其拋光面上認真觀察（結構粗的翡翠用肉眼或放大鏡觀察，結構細的翡翠必須在顯微鏡下觀察），可見到構成翡翠的硬玉晶粒的外形特徵。在寶石學中，翡翠的結構統稱為交織結構，這是因為：在肉眼、手持放大鏡或寶石顯微鏡的觀察中，可以發現組成翡翠的礦物全呈柱狀或略具拉長的柱粒狀，近乎交織排列，翡翠的“交織”結構，在鑒定中具有重要的意義。具體來說，在一塊翡翠上可見到兩種形態和排列方式不同的硬玉晶體：一種稍大，呈粒狀（斑晶）；另一種是在斑晶周圍、交織在一起的纖維柱狀晶體。而整塊翡翠就是由無數這些小晶體所組成的集合塊體，其結構不如軟玉、獨山玉、岫玉等玉石細膩緻密、均一。翡翠的結構有粗有細，一般情況下，用肉眼或放大鏡可見到在其表面或內部的大小不同的纖維狀、粒柱狀晶體，這些晶體在光照下（自然光或燈光）呈小雪片般的閃光，這種閃光的特徵就是“翠性”。“翠性”為翡翠所特有，也是翡翠與其他貌似翡翠的綠色玉石、翡翠偽造品的區別標誌之一。

例如，軟玉具有極細膩的氈狀纖維結構，其纖維甚至放大50

倍也看不清楚，而在同樣倍數的鏡下，晶粒很細的翡翠也可清楚地看到其晶體解理面的片狀閃光。翡翠中晶體的粗細決定著翠性的大小，晶粒大則質地粗糙；晶粒小則質地細膩、翠性小。翠性也有不同名稱。大的翠性稱“雪片”，小一點的叫“蒼蠅翅”，最小的稱作“沙星”。

另外，在中、低檔翡翠中，除具有“翠性”外，還常見到由纖維狀晶體緊密堆積在一起的、透明度較差的白色、淡黃色或淺灰色斑塊，這就是翡翠行家所説的“石花”。

顏色不勻

大多數翡翠玉件或原料的顏色不均勻，在白色、藕粉色、油青色、豆綠色的底子上分佈有濃淡不同的綠色、褐紅色、黑色等顏色。而岫玉、軟玉等與翡翠相像的玉石，顏色則較為均勻一致。當然，也有顏色均勻一致的翡翠，但畢竟數量不多。

光澤明亮

翡翠成品一般具玻璃光澤、亞玻璃光澤，而軟玉、岫玉等具蠟狀，樹脂或亞玻璃光澤，也就是説，翡翠光澤明亮、靈透，強於其他玉石。

根據以上三個特徵可憑肉眼或放大鏡（顯微鏡）將翡翠及與其相似的軟玉、蛇紋石玉（岫玉）、石英岩玉、葡萄石等區別開來。另外，翡翠的折光率高、密度大也是其特點。翡翠的點測法折光率為1.66左右，而許多相似玉折光率低於1.63，翡翠在三溴甲烷中迅速下沉，而軟玉、蛇紋石玉、石英玉均在其上懸浮或漂浮，翡翠的硬度為6.5，均高於軟玉蛇紋石玉（岫玉）等。

019 什麼是“處理”翡翠？

在珠寶玉石鑒定證書，品質檢驗報告等品質證件及其他珠寶商品標識上，常常見到在珠寶玉石名稱後加括弧注明“處理”，如：翡翠掛件（處理），翡翠戒面（處理）、翡翠手鐲（處理）等。在購物過程中，消費者經常誤解“處理”的含義，在此，我們談談什麼是“處理”？

“處理”不是處理品，也不是價格作了調整的物品

許多消費者在購買翡翠飾品前，將“處理”二字理解成為是價格作了降低的“處理品”，因而多花了錢還蒙在鼓裏。少數商家明明知道“處理”的含義，但或含糊其詞，或順水推舟對“處理”二字作錯誤的解釋，誤導了消費者。

“處理”的具體含義

翡翠經過了處理，就已不是純天然翡翠。在1996年發佈（1997年5月1日實施）的國家標準中規定：翡翠（處理），就是經酸洗去除雜質後，做了注膠處理或做了人工致色（染色）處理的翡翠。實際上就是以往珠寶界稱之為的翡翠B貨、C貨或（B+C）貨。自1997年5月1日國家標準《珠寶玉石名稱》生效實施後，在翡翠商品的標識標籤中，已取消了翡翠A貨、B貨、C貨和（B+C）貨的名稱標注，而用“翡翠（處理）概括並取代了翡翠B貨、C貨和（B+C）貨。

在2003年的新版國家標準中。對翡翠的品質作出了更嚴格的要求：將過去視為A貨的漂白翡翠、浸蠟翡翠也歸為“處理”翡翠。

在珠寶玉石名稱後面沒有括弧註明，則表示是天然物品（真貨）。如標籤上物品的名稱為“翡翠戒面”，則表明物品是天然翡翠製成的戒面，此戒面沒有注過膠，也未染過色。

允許商家銷售處理過的翡翠，但應標明並向消費者說明

國家從來沒有規定禁止銷售處理過的翡翠，但要求對人工處理的情況標明。同時，銷售者有責任和義務向購物者解釋，說明真相。因為知情權，是市場經濟條件下消費者最起碼的權利，在此前提下，才可能避免欺騙行為。經過處理的翡翠可能具有很好的外觀特徵，也有一定的使用價值和欣賞價值，但與相同規格、相同款式、相同色澤的天然品相比，其價要大打折扣，其合理的成交價格要低得多。對此，消費者在購物時，最好能夠心中有數。

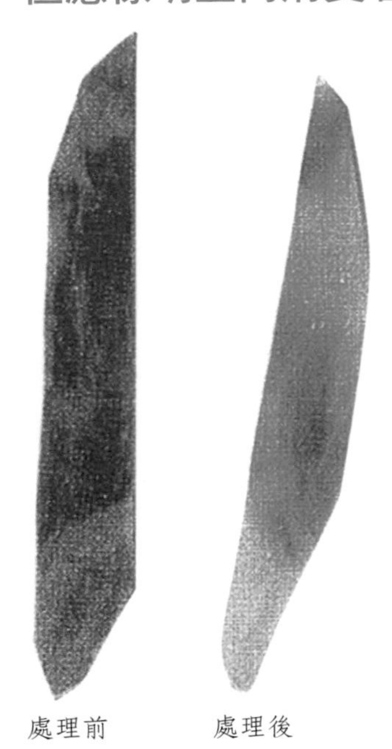

處理前　　處理後

處理前、後的翡翠：處理後顯然較處理前漂亮、通靈、潤澤（金版納供稿）

020 對翡翠製品，怎樣區分“優化”和“處理”的界限？

在翡翠飾品的製作加工中，除切磨和拋光外，用於改善翡翠的淨度，顏色，光滑度，耐久性和可用性的方法很多，歸納起來有兩大類——優化和處理。

優化：是傳統的，被人們廣泛接受和認可的，使翡翠潛在的美顯示出來的製作方法。過去的標準（2003年10月1日以前的標準）規定，對翡翠製品進行漂白和漂白後浸蠟，屬於優化的手法。漂白主要是針對表面或淺層有較少雜質，水差，但顏色好的中檔翡翠成品或原料而作，其工藝過程是用酸浸泡翡翠飾品（時間較短），溶解沉澱在裂隙或顆粒間隙中的雜質，使翡翠除去髒點，增加透明度，保留綠色，並使綠色更明豔。由於酸的溶蝕，使翡翠組織間的裂隙或孔隙增大，使結構受到一定的影響（或破壞），溶蝕的程度輕，可不必注入樹脂膠，只要在翡翠製品表面薄薄地覆蓋一層石蠟，以提高翡翠製品表面光滑度並通過充填作用來掩蓋其表面較小的裂紋和坑點。2003年新版國家標準中規定，僅有對翡翠進行熱處理——使翡翠產生紅色、黃色，才算為優化。優化後的翡翠在標識中不必標明。

處理：是非傳統的，不被人們認可和接受的製作方法。處理也有增加美感的效果，但其美感較天然美麗而言，是不真實和不自然的，處理實際上降低了翡翠的耐用度和使用價值。在翡翠飾品的製作、加工過程中，是用強酸長時間地浸泡翡翠原料，溶解了許多外表、內部的髒物，已經破壞了翡翠結構的強度，漂白後充填膠料的則稱為“處理”，染色、輻照、覆膜等均屬於處理的範疇。

在市場中最常見的經過處理的翡翠有注膠處理（B貨）、染色處理（C貨）翡翠兩大類，也有注膠和染色兼有的翡翠（B+C貨）。關於翡翠的處理方法，以後在本書中還將詳談。國家標準規定，經過處理的翡翠在標識中注明：翡翠（處理）。對此應引起消費者的特別注意，不要將翡翠（處理）品當成純天然翡翠買進，也不要誤解“處理”，認為翡翠（處理）是作了價格上的優惠等等。

過去的標準（2003年10月1日前）的標準規定，酸洗漂白後使翡翠結構遭到嚴重破壞，必須充填聚合物——膠料加以固結，才可以使用，這種情況屬於“處理”類型；酸洗漂白的程度輕，翡翠結構僅受到輕微破壞，不必注膠也能使用，也能增加美感，這種情況屬於“優化”。判斷翡翠是“優化”，還是“處理”的關鍵，主要是看其是注了膠，還是未注膠。至於人工致色的翡翠，雖未漂白，也未注膠，但僅根據其顏色非天然本色，就可以判定其為經過染色處理的翡翠。

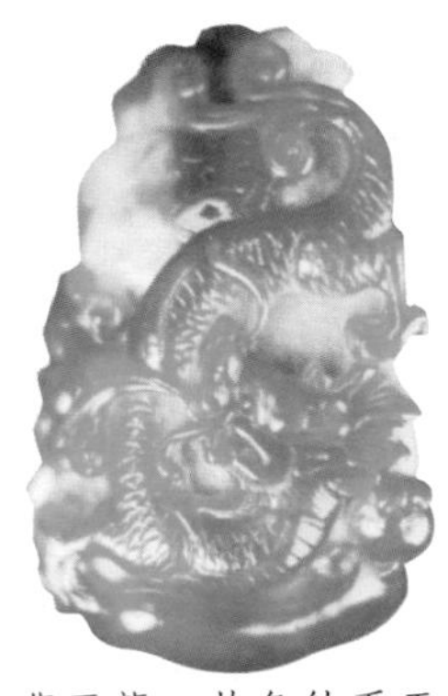

紅翡玉龍：其色純系天然未進行過熱處理（據《珠寶科技》總第37期，余平圖）

如今，判斷翡翠是“優化”，還是“處理”，則簡單得多：對翡翠進行熱處理——優化，而其他的一切改善翡翠外觀的方法均屬於“處理”。

021 什麼是翡翠A貨、B貨、C貨、AB貨和D貨？

從鑒別真偽的角度出發，傳統的珠寶界將翡翠飾品劃分為A貨、B貨和C貨。

A貨：即真翡翠，其質地和顏色都是純天然的，沒有經過注膠、染色、漂白處理。在1996年發佈的國家標準中，將只經過輕微的酸洗漂白的翡翠歸入了“A貨”、浸蠟的翡翠也屬於“A貨”（但2003年10月1日生效的國標規定，酸洗漂白的翡翠、浸蠟的翡翠已不再屬於A貨）。

B貨：也是翡翠，其質地經過了人工處理——酸洗去髒後注入了膠（環氧樹脂一類高分子聚合物），其結構受到了腐蝕，但其顏色是天然的。

AB貨：酸洗漂白，但未注膠的翡翠，即已經受到了酸的弱腐蝕的翡翠，其結構受到了一定程度的破壞。

C貨：質地屬於翡翠，但顏色是假的——用人工的方法染色、致色或改色而成，市場中常有“B+C”貨的說法，這樣的飾品是既注膠，又染色的翡翠。

D貨：根本就不是翡翠，是用別的玉種來冒充的“翡翠”，是地道的假翡翠——包括翡翠贗品、與翡翠相似的玉兩大類。

為了便於記憶，我們贊同香港著名翡翠專家歐陽秋眉女士對翡翠的稱呼：

A貨——天然翡翠。

B貨——化學處理後注了膠的翡翠。

C貨——人工染色、致色處理的翡翠。

B+C貨——注了膠且人工染色，致色的翡翠。

翡翠B+C貨：顏色誇張，系人工處理所致，在紫外螢光儀下螢光極強，顯示有膠料注入

D貨——根本就不是翡翠（冒充的翡翠）。

自1997年5月1日國家標準《珠寶玉石名稱》和《珠寶玉石鑒定》實施後，對翡翠的劃分與定名已取消了原來的A貨、B貨等叫法，在鑒定證書和檢驗報告等技術文件中，在商品的名稱為“翡翠”；傳統稱謂的翡翠B貨、C貨及B+C貨，一律皆定名為“翡翠（處理）”；在標準中雖然沒有翡翠D貨的術語。但“D貨”這一説法還將會在今後相當長的時期內，被經營者和消費者繼續使用。

AB貨是近年來翡翠商界稱呼酸洗漂白翡翠的新名詞。

022 翡翠A貨有何鑒定特徵？

與處理過的翡翠或與其他同翡翠相似的玉作比較，翡翠A貨有如下鑒定特徵：

有翠性：當翡翠晶粒粗時翠性憑肉眼清晰可見，晶粒細時，須借助於10倍放大鏡才可見到翠性。晶粒極細的高檔玻璃底翡翠，須借助於顯微鏡放大40倍左右，才能觀察到翠性。

色自然：天然翡翠的顏色順著紋理方向展布，有色的部分與無色部分呈自然過渡，色形有首有尾，且色看上去像是從其纖維狀組織或粒狀晶體內部長出來的（俗稱有色根），沉著而不空泛。綠色在查理斯濾色鏡下觀察不變紅，為灰綠色。

光澤強：拋光面具有玻璃光澤或亞玻璃光澤，折射率較高，為1.66左右，高檔翡翠如一泓秋水，靈透明麗。

硬度高：硬度為6.5~7，高於所有其他玉石。

密度較大：密度為3.34g/cm^3 ，在二碘甲烷中呈懸浮狀。

表面無異常：在寶石顯微鏡下觀察，大多數天然翡翠的表面為“橘皮結構”，當翡翠的晶粒或纖維較粗時，其表面雖有一些粗糙不平或凹下去的斑塊，但未凹下去的表面卻較平滑，無網紋結構和充填現象。也有少數天然翡翠，因受地質應力作用和風化作用，可產生明顯的裂隙和網紋結構，在鏡下觀察，與受酸腐蝕而形成的裂紋很相似，但這樣的翡翠，其內部沒有膠的存在，借助於拉曼光譜儀或紅外光儀，可得出準確的結論。

聲音清脆：將兩件翡翠玉件相互碰擊，或用玉塊碰擊被測物，若是A貨，則發出清脆的“鋼音”，若不是A貨，則聲音沉悶，然而，聽聲音僅僅只能供參考，作假工藝“高超”的B貨，以及大多數的C貨，在一般人聽起來，其聲音與天然翡翠幾乎沒有差別。

成分無異常：用電子探針可以迅速而準確地確定出其主要化學成分為：

氧化鈉（Na_2O）：13%左右；

三氧化二鋁（Al_2O_3）：24%左右；

二氧化矽（SiO_2）：59%左右。

（a）

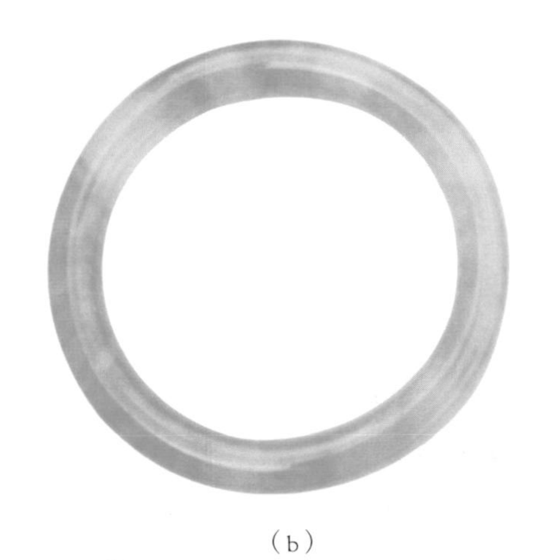

（b）

天然翡翠

023 翡翠B貨是怎樣製作的？它有哪些主要鑒定特徵?

翡翠B貨是將有雜質，透明度差，但顏色尚可的翡翠玉件或原料通過酸洗、中和、高壓注膠，如注入環氧樹脂等工藝過程製作而成的。B貨初看美觀透明，但耐用性差，幾年後即失去原有的光澤，變得很醜。

B貨的製作過程

選料：選擇顏色尚可，質地不太縝密（這樣酸液才能滲入翡翠組織之間溶蝕雜質）的玉件或原料備用。

酸洗：將製作件投入鹽酸或硫酸溶液中浸泡相當長時間。由於酸的作用，溶除了翡翠之中的雜質，同時，也使翡翠原來緊密的結構受到破壞，而變得很疏鬆。

中和、清洗：使用一定濃度的鹼液清洗翡翠玉件，使進其組織內部的酸得到中和，再用清水泡洗，為注膠作好準備。

注膠：在高壓條件下注入透明度佳、黏結力強的高分子聚合物，通常使用環氧樹脂、磷苯二甲酸類化合物、聚苯乙烯等作為灌注、充填物。

加熱固化：用錫紙包住注過膠的翡翠，置微波爐中加熱，使進入翡翠內部的膠液固化，同時也使多餘的膠液流出。

修飾：用力將肉眼或鏡下能看到的、凸出於外的膠料刮去、修除。到此，一件漂亮的翡翠處理品就製作出來了。

B貨的鑒定特徵

光澤異樣：天然翡翠呈現的是玻璃或亞玻璃光澤，而翡翠B貨或光澤不夠，靈氣不足，常呈樹脂狀光澤，不及天然翡翠光亮或自然；或光澤、透明程度明顯優於同檔次的A貨，常見有的翡翠B貨，如靚麗的B貨"巴山玉"、腐蝕充填效果很好的"高B"，也有著較好的光澤。

顏色不自然：天然翡翠的色與底配合協調，觀之大方自然，而經過漂洗的翡翠顏色雖然較為濃厚，突出，但因色根遭受到酸的破壞，邊沿變得模糊不清，有時在色塊、色帶的邊緣使人感到有"黃氣"。

網紋結構：這是我們在鑒定工作中識別B貨的最重要的根據之一。在鏡下觀察（放大10~30倍左右），整個玉件表面佈滿了不規則的裂紋，和凸凹不平的腐蝕斑塊，這是翡翠經強酸腐蝕後留下的痕跡，鑒定證書、質檢報告中稱之為"網紋結構"或"腐蝕痕跡"。

翡翠高B掛件：外表通靈、亮麗，看似高檔翡翠。鏡下：網紋密佈（細）紫外線照射：螢光黃白，極強。

折射率可能偏低：B貨的小裂隙內充填了膠液在一定程度上影響了它的折射率。凡翡翠的折射率低於1.65時，要注意可能為B貨。但很多B貨的折射率也可能保持正常。

密度有所下降：B貨因為受過酸的溶蝕，因此密度有所下降，在二碘甲烷中上浮於液體表面。但此項指標僅供參考，因為有的B貨在二碘甲烷中仍是懸浮狀。

聲音沉悶：用試玉石輕輕碰擊B貨，許多B貨的聲音沉悶，無清脆之音（也有製作工藝精細的B貨，其碰擊時仍發音清脆）。

螢光性：用紫外線燈照射，或用紅寶石濾色鏡觀察，許多B貨都發黃白色螢光（這是由環氧樹脂引起的，若充填物非環氧樹脂，則無黃白螢光）。

紅外光譜或拉曼光譜分析：這是目前鑒定B貨的一種很權威的分析方法，B貨在紅外波長2900cm^{-1}附近出現3個吸收峰，這是由樹脂膠引起的。但此法受儀器的限制，只能在較高層次的實驗室中進行。

翡翠B貨戒指（施加辛提供）

破壞性鑒定：用打火機燒烤，或將被測物置於一定的高溫環境中，B貨中的環氧樹脂等充填物會變黃，甚至會變黑，而天然翡翠可耐1000℃左右的高溫而不變色。通常，不使用這一鑒定方法。

在B貨的鑒別過程中，上述第3條、第8條是最重要的鑒定依據，第7條是必須重視的特徵，其餘都是附加特徵。值得注意的是，目前製作B貨的工藝越來越高超，高檔B貨（俗稱“高B”）—— 一種用鈉米級的充填材料製作的翡翠B貨，其光澤，透明度足以亂真，所以看準法定檢驗單位的鑒定證書，不到缺乏安全保障的地方購物，就能避免損失。

024 翡翠C貨是怎樣製作的？它有哪些主要鑒定特徵？

C貨是人工致色、染色的翡翠。翡翠的價值主要取決於它的顏色，因此，一些人便挖空心思，千方百計地用人工處理的方法來改善翡翠的顏色，以求獲取高額利潤。製作C貨的方法五花八門，目前主要有染色、焗色、輻射改色等方法。

C貨的製作方法

染色：製作翡翠C貨前，將翡翠洗淨（洗淨油污），然後將翡翠放入鑊中加溫，與鐵質礦物混合15分鐘左右，令其組織膨脹張開，再浸入化學染料溶液，如無機鉻鹽溶液之中，並繼續加溫。在第一次染色後，顏色只附於翡翠的表面，看上去很“浮”。這一過程反覆進行多次，就能使染色劑慢慢滲透入翡翠晶粒的間隙之中，或進入翡翠解理微裂之中，看起來顏色均勻一致，有時足以亂真。

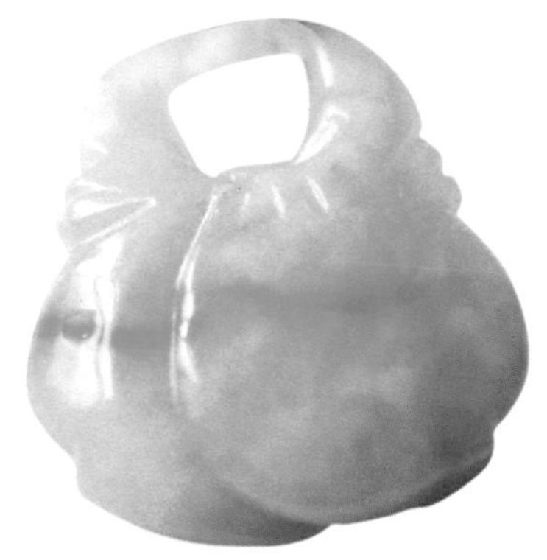
打孔致色的翡翠
（圖左邊有一圓孔）

近幾年來，有些作假者使用雷射技術對翡翠進行染色處理，其處理的方法是在翡翠戒面、掛件等飾品的不引人注目的地方，如在戒面的背面打微孔，將有色劑注入，再用樹脂把微孔口封住。這樣的處理從翡翠的外觀面觀察，顏色很好且有一定深度，似乎“有色根”，由於鐳射孔很小，肉眼和10倍放大鏡不易察覺。只有加大放大倍數，經過認真的觀察，才能識破。

翡翠最多的是被染成綠色，其次是紫羅蘭色，人工染色的翡翠雖然美麗，但會受時間、光照、溫度的影響而變淡或顏色的形態發生改變，使玉器的美觀程度受到不良影響。

焗色：焗色實際上就是用熱處理的方法，使翡翠出現美觀的紅色。中國人喜愛紅色，認為紅色寓意吉祥和喜慶，但天然紅色的翡翠並不多見，偶有紅翡，但許多都雜以棕色、褐色。焗色的工藝過程是：首先選用黃色、棕色或是褐色的翡翠，用洗滌劑將其清洗乾淨；第二，將翡翠置爐中慢慢加熱，並仔細觀察翡翠顏色的變化情況。經過一段時間的加溫後，翡翠的顏色慢慢發生改變，當其變為豬肝色後，便開始降低爐中溫度，這樣，冷卻後的翡翠就顯出紅色。為了使紅色鮮豔，可將翡翠浸泡在漂白水中數小時，使致色物質更充分地氧化而呈現紅色。過去焗色翡翠屬於C貨，新的國標將其歸為優化處理。

輻照改色：是用γ射線或高速粒子為輻射源，轟擊低中檔翡翠，使其顏色變深、變好，如變成褐色、綠色或紫色。輻照產生的顏色常常呈色斑狀，不均勻。輻照集中的部位色調深一些，其他部分則色調淺一些。這種方法是一種高科技的手段，製作時需要一定的實驗和設備條件，輻照處理的翡翠須由具較高的水準的鑒定師加以鑒別。

C貨的鑒定特徵

C貨是人工致色，染色的產物，因此我們識別翡翠C貨時，重點在“顏色”二字上下功夫，對顏色做出認真地觀察，分析和判斷。C貨有如下特徵：

❶第一眼觀察，就覺得顏色誇張，不正，不自然。

❷對著燈光，在透射光下仔細觀察，或在放大鏡、顯微鏡下觀察，可以發現顏色不是在硬玉晶體內部分佈，而是附著在硬玉礦物的外表、或是堆積，附著在翡翠的微隙間，常呈網狀，團塊狀分佈，沒有色根。若將其泡入水中或浸入油中（折射率為1.66的油更好）觀察，則更加清楚。

色根是一種顏色生成現象，以綠色翡翠為例，其條狀、片狀、團塊狀的綠色、顏色的深淺具漸變特徵，漸漸深入到翡翠組織，結構的內部，或某一條（塊）較深的綠，漸漸地過渡到較淺的綠之中。色根是判斷玉件是不是翡翠，或翡翠是否為C貨的特徵之一，但高檔翡翠，如老坑種翡翠因為顏色非常均勻，組織結構又很細膩，所以看不到或難見色根。

❸翡翠C貨其表面顏色較濃厚，越往內越顯得淺淡，或在玉件的裂綹處、組織粗糙處，顏色明顯加深或堆積。

❹用無機鉻鹽作染色劑染制的翡翠，在白熾燈強光下使用查理斯濾色鏡觀察，翡翠?貨的綠色會變為淡紅、粉紅、棕紅或無色。但目前作假的方法越來越多，也越來越高科技化，在許多情況下，查理斯濾色鏡已無法鑒別翡翠，而用有機染料染制的翡翠，在濾色鏡下並不變紅，仍為灰綠色，故有更大的欺騙性。

❺輻照改色的翡翠，在鏡下或燈下觀察可發現翡翠的綠色圍繞在表面，呈環帶狀或斑塊狀分佈，這種C翡翠在查理斯濾色鏡下變為紫紅色，加鹽酸或用火烤可使其褪色。用這類方法處理過的翡翠，初看翠綠動人，透明度好，但翠裏透藍，玉件的表面有被轟擊的痕跡，轟擊處與未被轟擊處比較，前者表面比後者表面

色深。

❻區分天然的紅色翡翠和焗色的紅色翡翠難度較大，因二者的紅色都是由硬玉中微量的鐵離子所致，只是天然的紅色翡翠透明度較好，紅色部位的光澤較強，顯得較有“靈”氣，而焗色的顏色紅得呆板，厚重而均勻，這是因為天然的致色過程是在大自然中緩慢形成，而人工焗色則是在短時間內急劇變化而成。

染色翡翠
放大檢查：顏色堆積於隙孔之間
開水浸泡：40分鐘後水變為淡綠色

❼在染色翡翠表面滴幾滴稀鹽酸，或用棉球蘸“去字靈”擦洗C翡翠，其綠色或紫色即被去除或褪色（但焗色、輻射致色的翡翠C貨用此法無效），而棉球會變成蔚藍色；將染色翡翠放入80~100℃中的水中浸泡10個小時以上，水會被染綠，但高品質的染色翡翠不會污染棉球和水。

現在市場中常見一種在拋光過程中，用綠色的拋光粉致色的翡翠C貨。它的製作是選擇結構疏鬆、粗糙的天然翡翠，在拋光過程中使黏度很小的色粉沿玉件的孔隙、縫隙滲入，改善了翡翠飾品的顏色，在燈下憑肉眼看出綠色的粉粒在玉件結構疏鬆處堆積等現象，這種C貨，以手鐲和小掛件為多，應引起人們的注意。

025 在查鏡下顯紅色的綠色寶玉石都是人工致色的嗎？

查理斯濾色鏡簡稱“查鏡”，是寶玉石鑒定中較為常用的一種濾色鏡，也是鑒定儀器中操作最簡便，觀察物件現象最直觀的儀器，查理斯濾色鏡最初的設計觀念是用於快速區分祖母綠仿製品，所以又被稱為“祖母綠鏡”，通過它觀察物體，所有被觀察物都只會出現兩種顏色，即黃綠色或紅色。

查理斯濾色鏡後來被用來鑒別人工染色的翡翠，在一段時間裏很靈，凡是翡翠C貨，在查理斯鏡下觀察，立即顯現出紅色，以致它被譽為“照妖鏡”，使有人認為在查理斯鏡下紅色的綠色玉石都是假的，其顏色都是人工所致。但後來它的效果卻沒有當初那麼明顯和靈驗：用其觀察一些十分美觀的人工染色翡翠，卻仍然顯示綠色而不顯紅色。對此，科技工作者經過分析研究得出了結論：由鉻鹽所致的綠色，在查理斯濾色鏡下觀察為紅色，而由鉻鹽以外的有機劑或其他新技術而致的綠色，在查理斯濾色鏡下觀察不會變紅。所以，對於翡翠來說，在查理斯濾色鏡下所變紅的，都不可能是天然翡翠，但不變紅的，也不一定就是真貨。

其實，作為一種輔助鑒定手段，查理斯濾色鏡在珠寶玉石的鑒定中有著很廣泛的用途，不但可用來識別翡翠C貨或祖母綠，還用它來幫助識別很多其他的寶玉石。現將一些寶玉石在查理斯濾色鏡下所觀察到的現象歸納如下，也許對消費者和珠寶玉石愛好者有一定參考價值：

在查理斯濾色鏡下會變紅的綠色（人工染色）寶玉石有：
鉻鹽染綠的翡翠（C貨）、鉻鹽染綠的綠玉髓、鉻鹽染綠的石英

（馬來玉）、綠色的人造鋁榴石及合成祖母綠等。

在查理斯濾色鏡下會變紅的綠色（天然色）寶玉石有：鈣鋁榴石、水鈣鋁榴石（不倒翁）、部分祖母綠、獨山玉、東陵玉、翠榴石、鉻釩鈣鋁榴石、某些綠色鋯石、鉻玉髓以及含鉻的螢石等。

在查理斯濾色鏡下不變紅的綠色（天然色）寶玉石有：翡翠A貨（翡翠B貨的綠色也不變）、某些祖母綠及綠柱石等。

在查理斯濾色鏡下不變紅的綠色（人工染色）的寶玉石有：非鉻鹽的翡翠C貨、非鉻鹽染綠的石英岩（馬來玉）等。

另外，還有許多並非綠色的寶玉石，在查理斯濾色鏡下觀察也會呈現紅色，這些寶玉石是：藍色方鈉石、藍色的青金石、鈷致色的仿青金石、藍色鈷玻璃、合成藍尖晶石、合成藍色石英及稀土玻璃等。

總之，在查理斯色鏡下變紅的寶玉石，其顏色有可能是天然的，也可能是人工染的或人工致色的，然而查理斯濾色鏡仍不失為一種大眾容易操作，簡便而快速的輔助鑒定工具。

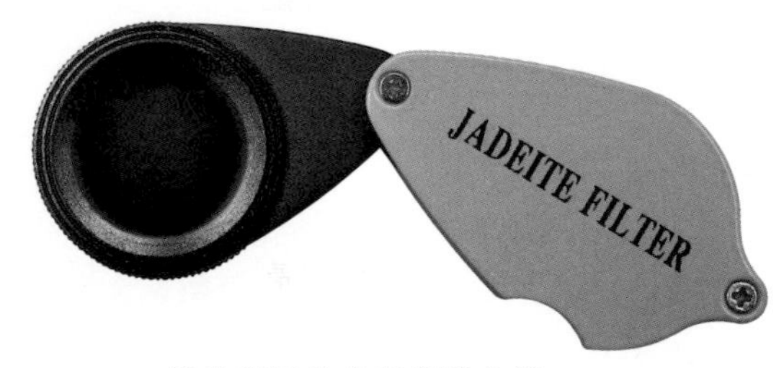

簡單實用的查理斯濾色鏡

026 怎樣識別鍍膜翡翠？

鍍膜翡翠又稱“穿衣翡翠”或“套色翡翠”。鍍膜翡翠的製作是選擇透明度好，但無色的翡翠戒面，在其表面鍍一層薄膜（膠質）。鍍膜翡翠看上去美麗潤澤，像是高檔翡翠飾品，具有較大的偽裝性和欺騙性，消費者在購買高檔的翡翠戒面、墜子時，一定要引起注意，認真識別。

識別鍍膜翡翠的方法有如下幾種

觀察：用放大鏡或顯微鏡觀察，可見綠色僅附於玉件表皮，而非來自內部，因膜的硬度低，膜上常見很細的磨擦傷痕，天然品無此現象。

測試：因其表層的薄膜是用一種清水漆噴塗而成的，此層薄膜的折射率不可能與翡翠的折射率相同，筆者在從事珠寶鑒定的工作中曾遇到過這樣一樁事：一次，某商家將20多顆翡翠戒面送交我們檢驗，希望經檢驗後能給予質檢合格的證明。這批翡翠戒面當時經寶石顯微鏡觀察“翠性”，沒有發現什麼問題，憑肉眼觀察更是覺得是一批檔次不低的“好貨”，但當測試折射率時，卻馬上發現了異常——其折射率僅為1.54~1.56，與翡翠的折射率相距甚遠，由此引起了我們的高度警覺，經認真反復地鑒定，結果這是一批鍍膜翡翠。

手摸：有的鍍膜翡翠用手指細摸有澀感，不光滑，天然品滑潤，鍍膜品可能會拖手。

刀刮：翡翠硬度高於刀片，天然品刀片刮不動，但刮無妨，而鍍膜翡翠的色膜用刀片刮動時，會成片脫落。

擦拭：用含酒精或二甲苯的棉球擦拭，鍍膜層會使棉球染綠。

火燒：用火柴或煙頭灼烤，薄膜會變色變形而毀壞，天然品則沒什麼反應和變化。

水燙：用燙水或開水浸泡片刻，鍍膜會因受熱膨脹而出現皺紋或皺裂。

刀刮、火燒、水燙的方法一般不輕易採用。關鍵的方法是觀察和測試，當發現有疑點而難以下結論時，可請質檢機構檢驗，也可與賣方商量，採用刀刮、水燙或火燒的方法（這三種方法對真品不會有損傷）進行驗證，若賣方不敢同意則以敬而遠之為妙。

鍍膜翡翠（只需刀刮或水燙，便畢露破綻）

027 怎樣識別組合石？

組合石又稱多層石，翡翠組合石是一種貌似綠色中、高檔品的假貨。組合石一般有二層石和三層石兩類。

二層石有“假二層”和“真二層”之分，假二層石的上層採用無色翡翠，而底層則用綠色玻璃或染成綠色的薄片，二者黏合而成；真二層石是頂層和底層均用顏色一致的翡翠黏合，從而成為一粒較大的，可以冒充真品的貴重的戒面。

三層石的組合方式有幾種，但有兩種最為多見，第一種頂底均為無色翡翠，中間用一薄片綠玻璃或一雙面皆綠的薄片黏合而成；另一種三層都是翡翠，但品質有差別，中間差而上、下兩片好，通過三層黏合，使戒面體積增大，從而提高價格出售。

在購買翡翠飾品時，對已磨好的，尚未鑲嵌的翡翠戒面，要防止是三層石；若已鑲嵌的戒指，後面不留視窗，或視窗留得很小，則要防止是二層石或三層石。識別多層石的方法是在鏡下仔細觀察戒面、墜子的側面，查看其有無黏合接縫，以及顏色、光澤有無分層現象；還可以用一個白瓷碟或墊有白紙的碟子，內盛清水，將戒面或戒指（已鑲嵌）浸入水中，用鑷子夾住戒面，使其側面向上，用放大鏡或顯微鏡認真查看，組合石浸入水中後，經常會看到其不同層面顯示出不同的顏色，而在不同色帶的交界處，就是黏合縫。對於無色帶的戒面，只要仔細觀察，也可尋找出黏合縫。

在沒有放大鏡或顯微鏡的情況下，可將翡翠置於60℃左右的熱水中，若是組合石，黏合部位會有氣泡沿黏合線溢出，如果水溫太高，還會使黏合膠軟化而脱落，顯出其真實面目。

另外，憑肉眼認真觀察，組合石的綠色完全是從內部透出來的，並不在其表面。

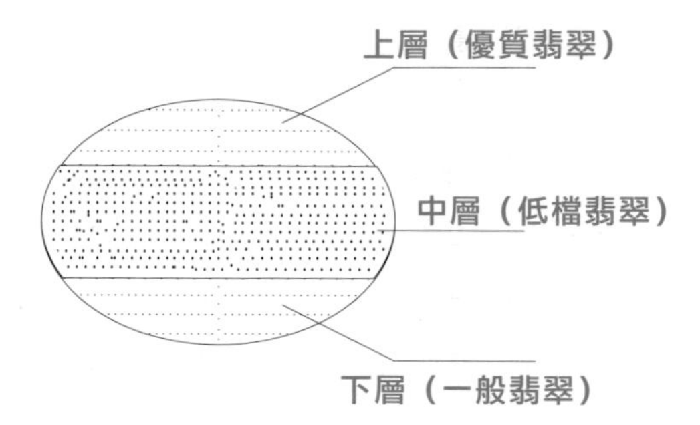

028 如何識別墊色、灌蠟或注油翡翠？

翡翠成品的作假，除了注膠、染色、組合石及鑲膜外，還有墊色、灌蠟或注油等手法。雖然墊色、灌蠟或注油翡翠在市場中並不多見，但仍有必要引起注意。

墊色翡翠的識別：墊色翡翠是在透明度佳，但無色的翡翠成品背面塗上綠色，然後把塗色面鑲入不開窗的金屬架內。我們只要認真地查看就不難發現，所墊之色綠得不正、發呆、缺乏靈性；色在內部悶著，沒有層次感，有時顏色面上有裂紋。

灌蠟或注油翡翠的識別：對於有裂紋的翡翠成品，如手鐲、戒面或掛小件等，用蠟製品、雪松油或環氧樹脂，在高壓、高溫條件下擠入裂隙內，經拋光後憑肉眼觀察很難發現破綻，其識別方法為：

❶在鏡下觀察，可發現裂隙中的蠟製品或液體中的小氣泡。

❷灌蠟品光澤沉悶，用兩隻手鐲輕輕對碰。聲音發悶。

❸經過注油的翡翠飾品，裂隙處有干涉色，只要在一定的加熱條件下，便有油滲出，有的注油翡翠表面似有一層白色薄膜，在長波紫外光的照射下，有青黃色螢光發出。

029 怎樣識別真假紫羅蘭翡翠？

紫羅蘭色的翡翠是翡翠家族中的一個優良的品種，深受人們歡迎，尤其是深受中青年女性的歡迎，高檔紫羅蘭翡翠的價值僅次於翠綠色翡翠。

紫羅蘭翡翠的顏色，可以是帶粉紅的紫色，人們稱其為粉紫；也可能是偏藍的紫色，人們稱其為藍紫。介於二者之間的紫色，再帶少許的紫色稱為茄紫，一隻藍紫色或粉紫色，種水稍好一點的手鐲，價值可達上萬元；而顏色鮮麗的藍紫、粉紫手鐲，若種水好（達到冰種），即使顏色不均勻，其價值也可達十多萬元。為了獲取高額利潤，有人不僅在翡翠的綠色上作假，在紫色的翡翠中，也有人工致色的情況存在。

在市場中，由於高中檔的綠色翡翠常有作假的現象，如翡翠C貨，而濃紫色的翡翠很少見，所以有的人認為深紫色的翡翠都是人工作假的產物，而這種以紫色的深淺、濃淡來辨別顏色真偽的觀念是不正確的。

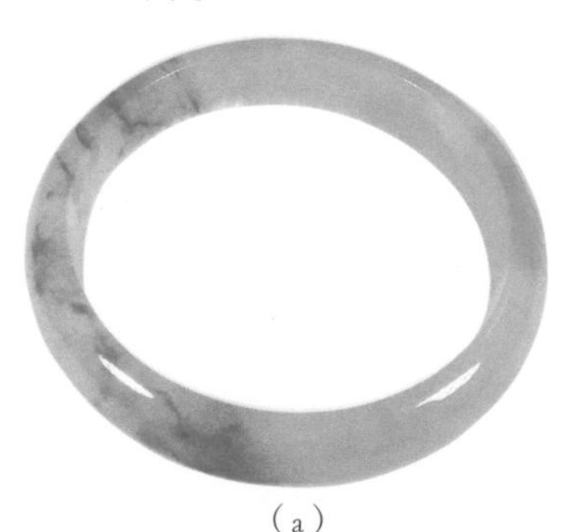

（a）　（b）

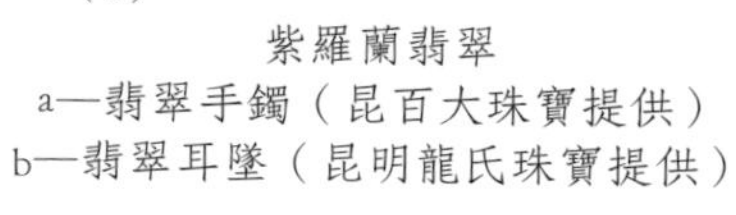

紫羅蘭翡翠
a—翡翠手鐲（昆百大珠寶提供）
b—翡翠耳墜（昆明龍氏珠寶提供）

市場中確實存在著人工染色的紫羅蘭翡翠，且濃淡兩種情況均有，紫色染色劑一般為錳鹽，由錳離子（Mn^{4+}）致色的翡翠，在查理斯濾色鏡下沒有什麼反應。

在鑒別紫色翡翠色的真偽時，首先用放大檢查，即使用放大鏡或顯微鏡進行觀察。可仔細觀察紫色分佈的特徵，顏色與翡翠結構（晶體、裂紋等）的關係，若為人工染色，則顏色沿玉紋微裂隙滲入，在結構疏鬆處有堆積現象，顏色的濃度，由表及裏或向裂隙兩側變淡；若為天然色，則顏色較均，有色根、裂隙及疏鬆處無堆積現象。此外，還可借助紫外燈（紫外螢光燈）進行觀察，天然紫色翡翠在紫外燈光下一般無螢光反應；而染色的紫色翡翠在紫外燈光下，常有較明顯的螢光。

應該指出的是，識別真假紫色，以放大檢查為主，紫外螢光燈檢查只是一種輔助手段，由具有質檢師資格的人員或具合法資格的檢驗機構進行檢驗，就能把住真假品質關。

030 “新玉”、“老玉”和“新種”、“老種”是怎麼回事？

在國內珠寶市場中，尤其是一些不正規經營的翡翠店裏，“新玉”占了不小的比例。誠實的商家會如實告訴消費者：這件翡翠是“新玉”，那件翡翠是“老玉”。在市場中，同樣大小、款式和外觀的“新玉”的價格，遠遠低於“老玉”的價格，但有少數不法商人將“新玉”冒充“老玉”出售,使消費者上當受騙，而這種以“新”充“老”的現象，還在不斷地發生。

“新玉”是翡翠（處理）的商業俗名，是用酸“洗了澡”並做了注膠處理的“八三玉”B貨翡翠。“新玉”雖然購買時外觀漂亮，光澤、顏色看起來不錯，但其結構已遭破壞，耐久性差，只有一時的觀察和佩戴價值，而無保值和收藏價值。若商家明碼實價，對於收入有限的工薪階層來說，也不失為一種較好的，時尚的消費選擇。

老種翡翠掛件
（施加辛提供）

翡翠商品交易中所謂“老玉”，即我們前面所說的“A貨”。“老玉”是指從結構到顏色都是自然形成，由純天然的原料直接加工而成，其顏色、光澤、透明度是持久不變的。“老玉”雖然是真貨，但也有種、水、色、底、品質檔次、價值高低之分，而並非只要屬於“老玉”，就一定很好。

另外，傳統的翡翠商品交易中對翡翠玉件的品質還有“老種”、“新種”的評價，這與“新玉”、“老玉”是完全不同的概念。通常，商業上“老種”指的是質地發育良好，結構緻密，組織細膩，種水色俱佳的高檔或中高檔天然翡翠；“新種”多指質地發育一般，結構較為疏鬆，組織粗糙，種水一般的中低檔天然翡翠。我們在選購翡翠時，應注意區別“新玉”、“老玉”和“新種”、“老種”這4個不同的商業俗名。

老坑玻璃種翡翠
（昆明天寶首飾提供）

031 “巴山玉”是不是翡翠？

“巴山玉”也稱“八三玉”，它並不產在四川，而是產自緬甸北部斯瑪地區的一個叫“八三”的地方。所以，確切地說，“巴山玉”應叫“八三玉”才對。前些年，在國內珠寶市場中，少數商人將注膠處理後的“八三玉”冒充天然的高檔翡翠出售，使消費者蒙受損失，那麼“八三玉”究竟屬於什麼玉？它是不是翡翠？

地質學知識告訴我們，翡翠的組份是硬玉岩，即由80%以上的硬玉礦物組成，它的化學成分是鈉鋁矽酸鹽，翡翠是在二氧化矽不足及在一定的溫度及超高壓的條件下生成的。而“八三玉”則是在翡翠礦體的邊緣，在礦物中有大量的二氧化矽的情況下生成的。因此，“八三玉”是以硬玉為主要成分，但含有較多的閃石和鈉長石，其相對密度（比重）、硬度、韌性等性能遠不如純正的翡翠。據此，我們得出這樣的結論：“八三玉”是翡翠與閃石、鈉長石的混合物，它與翡翠的關係密切，但非純正的翡翠，而是一種品級較低的特殊的翡翠。市場中的“八三玉”飾品，是用質粗、水幹、底差的低檔翡翠，經酸洗注膠後得到的翡翠B貨。

“八三玉”原石透明度很差，玉石顏色呈白色，局部有淡紫、淺綠或藍灰等顏色，“八三玉”必須經過強酸腐蝕來去除雜質，注膠增加透明度等人工處理工藝才具有商業價值。經處理後的“八三玉”其透明度好，近於糯化底，常帶有春色（紫羅蘭色）、飄豆花等特徵，表現出翡翠的靈氣，“八三玉”有時很美麗，受到不少青年女性的喜愛，曾是市場中走俏的翡翠B貨。“八三玉”在一定時期內（幾年內）確有審美價值和使用價值，可作為較好的觀賞品，但因耐久性差，沒有收藏價值，故在市場中的售價都較低。消費者購物時應引起注意的是：不要將美麗的“八三玉”—— 一種翡翠B貨，當成優質高檔翡翠來購買。

“八三玉”雖易與翡翠相混淆，但它有4個特徵可作為識別的依據：❶“八三玉”底偏紅、常帶有紫羅蘭色（春色），或底為淡淡的綠色、淺灰色。❷其內部帶有黑色、藍灰色斑塊，其綠色呈斑狀、塊狀、條帶狀分佈，但不夠明豔。❸“八三玉”水頭較好、晶瑩感強，但結構不緻密，多玉紋（天然的隱性裂紋）。❹“八三玉”粒粗，結構疏鬆，擊之聲悶。

巴山玉手鐲

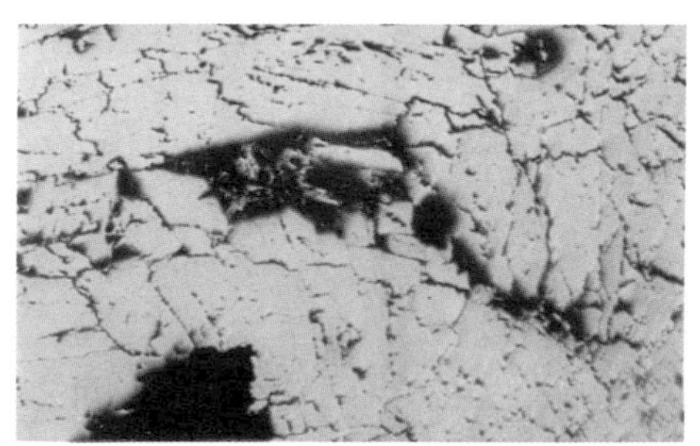
巴山玉放大後的網紋結構（蘇文寧提供）

032 “鐵龍生”是不是翡翠？

“鐵龍生”，取自緬甸語語音。緬語“鐵龍生”之意為滿綠色，在肉眼觀察下，其特徵為較鮮豔的綠色，色調深淺不一。透明度差（俗稱“水乾”），結構疏鬆，柱狀晶體呈一定方向排列。“鐵龍生”到底是什麼礦物？它是不是翡翠？當初，許多常年經營翡翠的商家，以及許多翡翠愛好者曾不斷地提出疑問。

據有關資料記載，1994年人們在緬甸北部帕崗礦區北部的龍肯場區，發現了一具滿眼綠色的翡翠新坑，當時不知道怎樣稱呼

（a）（b）

鐵龍生飾品

a—觀音（昆明萬利福珠寶提供）； b—胸墜

這一新的玉種。由於這種滿綠色的玉石，基本上分不出底與色，緬甸的礦工便稱之為“htelongsein”，意為“滿綠色”，中國即按中文音譯為“鐵龍生”。經珠寶科技工作者用電子探針、紅外光譜儀等高科技手段分析，從對其化學成分、礦物成分、物理性質（比重3.30～3.33左右，折射率點測1.66）的測定來看，我們可以做出肯定性的回答：“鐵龍生”是翡翠，是一種含鉻量較高（0.32%～2.25%）的硬玉質翡翠。

因為質地粗糙，透明度差，“鐵龍生”的價格較為便宜，又因為顏色好、綠得可愛，它又深受消費者歡迎。“鐵龍生”用來做薄葉片、薄水蝴蝶等掛件，效果較好，也用來做雕花珠子、雕花手鐲等滿綠色的玉件。由於“鐵龍生”綠得濃郁，切出薄片做成裝飾品後，仍然有很高的觀賞和使用價值。如用鉑金鑲嵌的薄形胸花、吊墜，用黃金鑲嵌的鐵龍生飾品，金玉相映，富麗大方，很受人喜愛。優質的“鐵龍生”翡翠，綠色純正明快，價格卻較為適宜，消費者不需花費昂貴的錢，就可獲得自己喜愛的飾品。據報導，1999年的夏天，在香港珠寶市場上開始刮起了“鐵龍生”翡翠的旋風，這股旋風從香港吹到了臺灣市場，再吹到了廣州市場、昆明市場等地，給疲軟的翡翠市場帶來了一些生氣，使工薪階層的消費者可買到物美價廉的翡翠。所以，“鐵龍生”不失為翡翠大家族中一個值得向大家推薦的品種。

033 “硬鈉玉”和“鈉長石玉”是不是翡翠？

在市場中，尤其是在中、緬邊境的寶玉石市場上，硬鈉玉、鈉長石玉都被稱為“水沫子”。它們是兩種很像翡翠，但又不是翡翠且價值較翡翠低得多的玉石。

硬鈉玉產於翡翠礦床週邊，是純翡翠（硬玉）岩的圍岩，其礦物成分主要是由硬玉和鈉長石組成，此外還含有少量其他礦物。硬鈉玉因礦物含量比例的不同，其折射率變化於1.53～1.66之間，密度在2.68～3.25（g/cm^3）之間變化，硬鈉玉的硬玉含量在50%～10%之間，鈉長石含量在50%～90%之間，其密度在2.97～2.68（g/cm^3）之間，有專家認為，硬鈉玉是介於翡翠與鈉長石的中間產物，按礦物學的觀點，所以稱其為硬鈉玉。

顯然，硬鈉玉不是翡翠，其物理性質更接近於鈉長石玉，所以在翡翠界中將其劃歸于“水沫子”——鈉長石玉之中。市場裏有極少數商人將其標為“緬玉”，以圖蒙混過關，應引起我們注意。

鈉長石玉主要礦物為純度很高的鈉長石，其次所含礦物為硬玉、閃石、綠簾石。其中所含絮狀物的成份為閃石和硬玉，鈉長石玉的透明度與糯化種翡翠相似，常常使人看走眼。

對鈉長石玉進行檢測，得出以下幾項指標：

密度： 2.56～2.64 （g/cm^3）

硬度： 5.3～5.99

折射率：1.52～1.54

市場中最常見的鈉長石玉、硬鈉玉的顏色為灰白色、無色、暗綠色和鮮綠色。灰白色，特別是無色的鈉長石玉水頭好，呈半透明狀，呈糯化底，質地惹人喜愛；綠色的硬鈉玉其綠色往往呈條帶狀、斑塊狀分佈，但綠得不正，顯得偏灰、偏藍。觀察鈉長石玉、硬鈉玉時，可發現這樣的特點：鈉長石的結構為粒狀、板柱狀。硬玉呈纖維狀夾雜其間。在鈉長石玉和硬鈉玉的內部常見不均勻的團塊、條帶或絲帶物分佈，在反光顯微鏡下，鈉長石的反射率較硬玉低。

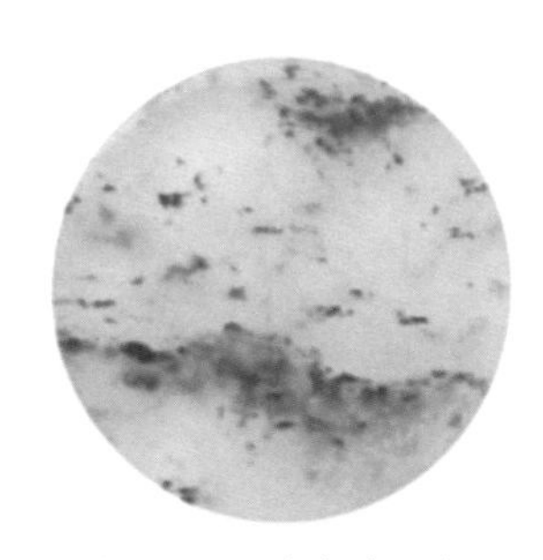

鈉長石玉（水沫子）

鑒別某一玉石是翡翠還是硬鈉玉，首先對其作整體觀察：硬鈉玉為蠟狀——亞玻璃光澤，總體色彩為白色或灰白，翡翠為玻璃光澤；手掂時硬鈉玉很輕（比重2.56～2.65），而翡翠感覺沉甸；硬鈉玉內部有不均勻的團塊、條帶或絲帶物分佈，而翡翠具“翠性”特徵；硬鈉玉的硬度僅為5.5～6，而翡翠的硬度為6.5～7，翡翠可輕易地在硬鈉玉上劃出痕跡。鑒別時最有效的方法是測折射率，若折射率明顯低於1.65，則被測件便不是翡翠。另外，通過測密度也可以將翡翠和硬鈉玉區別開來。

034 市場中最常見的翡翠贗品有哪些？怎樣識別？

翡翠是人們喜愛的玉石品種，優質的翡翠價格昂貴，堪稱玉中之最。在1999年春季的廣交會上，一塊100克左右的玻璃底、翠綠色、老坑種的翡翠價值20萬美元。正因為翡翠價值高昂，所以在珠寶市場中，翡翠贗品以假充真獲取暴利的情況時有發生。目前市場上最常見的翡翠贗品有以下幾種：

染色石英岩（俗稱馬來玉）。多做成戒面，也有用其做成手鐲等飾品。其成分是經過染色處理的石英岩（SiO_2），初看或遠觀與優質翡翠十分相似，呈半透明的翠綠色或深綠色，細看時並無翡翠的交織結構和“翠性”特徵，綠色均勻；用透射光觀察，其綠色很均勻但呈飄浮狀，無色根和色形，常見微細的綠絲、綠點，呈網狀均勻地佈滿整塊玉件。濾色鏡下少數變為粉紅色，但大多數染色石英岩並不變色。消費者識別時首先透過燈光查看顏色，其色飄浮、均勻，其組織多為粒狀結構，其透明度較翡翠為高；用儀器測試，其折射率為1.54，密度為2.64g/cm3，較翡翠小，用重液法易於區別。

有的書將馬來玉説成是脱玻化玻璃，經我們會同有關專家，針對市場情況作了反覆的檢測和分析研究，認為“馬來玉”的正確命名應為：石英岩（染色處理）。“馬來玉”與脱玻化玻璃是兩種不同的低檔飾品。

脱玻化玻璃。初看與馬來玉相似，也與優質翡翠十分相似，所以民間有人稱其為“脱玻化玻璃翡翠”。所謂脱玻化玻璃，就是在二氧化矽（SiO_2）熔融體中加入不含鉻的染料，如綠色有機染料，使之緩慢冷卻，使部分二氧化矽結晶成石英微小晶體和稍大的斑晶，並呈纖維絲絮狀定向展布。脫玻化玻璃顏色不均，綠色為纖維狀。纖維絲絮狀定向延伸，用肉眼或放大鏡觀察時，它與優質翡翠的最大區別是：❶含有大量的彌漫狀小氣泡，在放大鏡下可見銀白色反光的圓形或淚滴狀氣泡。❷透明度較高，表面有澆鑄冷卻的光滑收縮凹面。用儀器測量，折射率為1.54左右，密度為2.64g/cm^3，這兩項指標均低於翡翠。另外，脫玻化玻璃的硬度僅為5.5～6，能被長石的硬尖劃傷，而翡翠不能被劃傷；脫玻化玻璃為貝殼狀斷口，翡翠為粒狀或裂片斷口；脫玻化玻璃的疏水性強，在其表面滴上一滴水，水很快就會散開。在查理斯濾色鏡下觀察，不顯紅色。

澳洲玉（據《中國寶石》1995/2期，金得利供圖）

仿翡翠玻璃。又稱燒料，呈半透明乳白狀,綠色的則為塊狀、突出的斑點狀或條帶狀，界線很清晰。鑒別的方法為：❶在透射燈光下或鏡下觀察，可見圓形氣泡和旋渦狀波紋。❷斷口：燒料的斷口呈典型的貝殼狀，且發亮；而翡翠的斷口則參差不齊，不發亮。❸掂量：燒料比重小，質輕，而翡翠比重大，有墜感。故燒料在三溴甲烷中漂浮，而翡翠下沉。❹硬度：燒料的硬度為4～5，能被翡翠刻劃；反之，燒料劃不動翡翠。❺測折射率：用點測法，燒料的折射率為1.47，而翡翠的折射率為1.66。

塑膠。仿翡翠的綠塑膠雖與翡翠有較大的差別，但如果不注意識別，仍會使人上當，二者的差別主要有這麼幾點：❶塑膠的顏色刻板，無自然感，無翡翠潤澤光滑的“靈氣”；❷塑膠硬度低，用小刀可以劃出痕跡，其表面也帶有劃痕，半毛紋，翡翠則無；❸塑膠握在手中沒有翡翠的涼感；❹塑膠明顯比翡翠輕；❺用10倍放大鏡觀察，可發現塑膠內部有氣泡；❻如用打火機一燒，塑膠會熔化冒黑煙，並發出刺鼻的臭味，而翡翠則“巋然不動”，即使在其表面燻出一團黑煙，用軟布或軟紙一擦則完美如初。

低檔祖母綠。優質祖母綠的價格並不低於翡翠，一般沒有人將其冒充翡翠。但雲南省文山州一帶產的祖母綠（綠柱石），有相當部分品質品級較低，常被不法商人冒充為翡翠出售。鑒別的主要特徵是：❶低檔祖母綠透明度差，內部含較多的雜質色體。色體呈粒狀或不規則的層狀展部的乳滴狀，沒有翡翠的交織結構和翠性特徵。❷低檔祖母綠的比重為2.7～2.78,低於翡翠。❸低檔祖母綠硬度為7.5～8，高於翡翠。另外，祖母綠有二色性，雲南出產的祖母綠在查理斯濾色鏡下不一定呈紅色。

綠色大理岩。

馬來玉

大多產於雲南高黎貢山一帶，因此又稱為“貢翠”，緬甸人稱“林克”。透明或半透明，綠得均勻，但比翡翠色淡，比重輕，硬度較翡翠低。鑒別特徵是無“翠性”，內部結構為白色粒狀集合體，內有綠色斑點；用小刀刻痕，遇鹽酸會起泡，因此易區別。

035 市場上與翡翠相似的玉有哪些？怎樣鑒別？

在不規範的翡翠交易和選購活動中，有各種各樣、形形色色的假冒和坑蒙行為，而這些行為歸納起來可分為三類：第一類是翡翠玉件本身的作假和以次充好，如將處理後的翡翠（翡翠B貨、C貨和B+C貨）冒充天然優質翡翠以獲取高額利潤或暴利；第二類是翡翠贗品以假充真，如將明知不是翡翠的低檔或劣質材料經過人工的偽造、偽裝或處理，冒充翡翠而獲暴利；第三類是有意或無意地把與翡翠相似的玉當作翡翠論價出售，這同樣也是一種不正當的假冒行為，同樣應引起我們的高度警惕並加以認真地識別。

岫玉手鐲
（蛇紋石玉）

市場中常見的與翡翠相似，易混淆的玉石有軟玉、鈣鋁榴石（青海翠又稱烏蘭翠）、岫岩玉（蛇紋石玉）、東陵玉、密玉、京白玉、獨山玉、含水鈣鋁榴石等，它們與翡翠的鑒別特徵詳見表。

翡翠及其相似玉的鑒別特徵

玉石名稱	顏色	折射率	密度(g/cm³)	硬度	外觀及結構特徵
翡翠	翠綠、藍綠油青、橙紅、黃、白、黑紫蘿蘭色	1.654～1.658 點測法為1.66	3.34+0.06～3.34-0.09	6.5～7	顏色不均，具玻璃光澤、亞玻璃光澤和珍珠光澤，較明亮，具變斑晶交織結構，纖維集合體，具“翠性”是其主要識別特徵。

軟玉	白、青、黃、綠、黑	1.61～1.632 點測法為1.62	2.95+0.15～2.95-0.05	6～6.5	顏色均勻，光澤柔和常具油脂狀光澤、亞玻璃光澤，質地細緻，具毛毯狀結構，無斑晶。
鈣鋁榴石(青海翠)	白底、淺灰白底嵌綠底	1.74+0.02～1.74-0.04	3.61+0.12～3.61-0.04	7～7.5	顏色不勻，綠色呈點狀，無條狀色根，玻璃光澤，粒狀結構，具短粗圓渾的包裹晶體，手拿感覺比翡翠重。
岫玉(蛇紋石玉)	黃、綠、褐黑、白、染色	1.49～1.57	2.57+0.23～2.57-0.13	2.5～5.5	顏色勻一，多具蠟狀光澤，亦有玻璃光澤，具纖維狀網格結構，有黑色包裹體，及白色絮狀物。
石英岩玉(東陵玉、密玉、京白玉、貴翠)	綠、淡、綠、白、黃、藍綠色	1.54～1.55 點測法為1.54	2.64～2.71	7	顏色均一，玻璃光澤，等粒狀結構，可見鱗狀；鉻雲母片及綠泥石晶片，其中貴翠的顏色常呈花斑狀帶狀，其表面常帶沙眼。
葡萄石	黃、綠色，顏色均一	1.63	2.88+0.07	6～7	顏色均一，具放射狀纖維結構和細粒狀結構，呈瓷狀光澤。
獨山玉	白、綠、紫褐等色，色混染不均	1.56～1.70	2.7～3.09	6.5～7	顏色不勻，粒狀結構，玻璃光澤或油脂光澤。
水鈣鋁榴石	綠、藍綠、淺黃綠等	1.720	3.47+0.08～3.47-0.32	7	顏色均一，有較多黑色斑點和斑缺，粒狀結構，玻璃光澤。

除上表所列之外，常見的與翡翠相似的玉尚有澳洲玉。澳洲玉是一種綠色的玉髓，優質的綠玉髓產於澳大利亞、斯里蘭卡和印度。澳洲玉顏色均一，呈淺綠色、綠色，結構十分細膩，它與翡翠的主要區別是：❶澳洲玉的綠色帶黃而鮮嫩，色均勻，無色形特點和色根；❷無“翠性”表現；❸其密度為2.6左右，比翡翠輕，其折射率為1.544～1.553，低於翡翠。另外，與翡翠相似的但不常見的“翠玉”還有臺灣翡翠——為藍色石英岩，因產於臺灣省而得名；哈密翠——由含鉻水鈣榴石、黝簾石、透輝石、葡萄石等組成，產於新疆哈密地區；洛翠——呈膽礬藍綠色的次生石英岩，細粒結構、塊狀形態、硬度4～6產於陝西省洛南縣；朝鮮翠——產於朝鮮的蛇紋石玉；印度翠——產於印度的綠色星光石英（市場中有人稱其為“印度瑪瑙”）。

印度瑪瑙手串

036 市場上是否有“合成翡翠”？

完全或部分由人工通過特殊設備和工藝製造的、與自然界中相對應的天然寶玉石的物理性質、化學成分和晶體結構基本一致的寶玉石，在寶石學中稱為合成寶石。

在科學技術日趨發達的現代社會，許多材料都可以通過人為的工藝方法和手段進行合成，以彌補天然材料的短缺，從而滿足科研、工業生產和人們生活的需求。在國內外的珠寶市場中，人工合成的寶石隨處可見，如合成紅寶石、合成藍寶石、合成鑽石、合成金綠寶石、合成祖母綠、合成水晶、合成綠松石等。有感于此，有的消費者擔心，在珠寶市場中，會有合成翡翠出現。

有沒有合成翡翠？對此，我們可負責任地回答，在珠寶市場中沒有合成翡翠。儘管珠寶市場中存在著以假充真的翡翠贗品，存在著許多和翡翠很相似的寶玉石。但至今在國內的珠寶市場中，還沒有人發現合成翡翠。

合成翡翠沒有流入消費市場，主要是因為合成翡翠的成本太高，用途有限，所以未形成批量生產。據有關資料報導，上個世紀80年代初期，美國通用電器公司就已經掌握了人工合成翡翠的技術，他們將鈉鋁矽酸鹽（$NaAlSi_2O_6$）加溫至1500℃使其熔化，冷凝後粉碎，然後在高溫高壓（$1250t/cm^2$）下形成無色的翡翠結晶。在無色的翡翠材料中加入不同顏色的添加劑，就可以得到不同顏色的翡翠。近年來我國的科學家在實驗室裏也成功地合成了翡翠。

人工合成翡翠的許多物理（光學、力學）指標與天然翡翠基本一致，但合成翡翠的晶體結構與天然翡翠有一定的差異，據專家介紹，合成翡翠不具纖維交織結構，無翠性，而且光澤較天然翡翠差，沒有晶瑩潤澤的視覺效果，充其量只能是中低檔翡翠，因而不能加工成為裝飾品，沒有實際的使用價值。

緬甸的翡翠礦藏量，尤其是中低檔翡翠的蘊藏量仍然十分豐富。這些年來，緬甸的翡翠場口中對翡翠的開採，已經由以前小規模、工具簡陋的人工開採，改變為較大規模的機械化的開採，因此翡翠原料的產量大增，中低檔翡翠的價格有所下降，在這樣的背景下，可以預言，至少在目前和今後相當長的時期內，市場中不會有人工合成翡翠飾品出現。

貌似合成的鐵龍生，經專家鑒定此掛件並非合成

037 什麼是“羊玉”、“狗玉”？

在傳統的玉石商人中，還偶然會聽到對“羊玉”和“狗玉”的議論和描述，使人感到十分神秘。“羊玉”、“狗玉”是兩種拙劣的對玉石的作假術，是偽制古玉者利用羊血和狗血的效果偽造出來的兩種偽古玉。

據有關資料，特別是王心瑤在《玉紀補》中的記載，偽造這兩種假玉的具體方法是：

（1）把活羊的腿割開，埋入小件玉器，然後用線縫好，幾年以後取出，則玉上有血色細絲、紅斑，如同歷史悠久的傳世古玉上的紅絲，用此假相冒充傳世古玉。這種作假方法得到的舊玉，稱為“羊玉”。

（2）將狗殺死，趁狗血未凝，將玉件放入其腹中，縫好後深埋於地下，多年後取出，則玉件的表面有血斑和土花，用此法炮製而成的假古玉，稱之為“狗玉”。

應該說，在現代的珠寶市場中，尤其是在管理良好、經營規範的珠寶商店裏，不會有什麼“羊玉”、“狗玉”。再說，科技的發展日新月異，作假的方法也必然與科技水準的發展同步。在今天，不法之人若想作假，也有其他更“高明”的方法，用不著去割羊宰狗。若這樣的人真想用落後而愚蠢的方法去製作這樣的假玉，則經過科學的檢驗方法檢測，也會使假貨現出原形。所以，對於“羊玉”、“狗玉”的傳説，消費者可以不足為慮。

“羊玉”和“狗玉”在古玉市場中可見到，在翡翠市場中，這兩種拙劣的的假玉不可能冒充得了翡翠。

038 什麼是翡翠市場中的“四大殺手”？

關於翡翠市場中“四大殺手”的傳言，使不少到雲南瑞麗、騰沖等地想購買翡翠的旅遊者心有餘悸。其實所謂的“四大殺手”就是“水沫子”（鈉長石玉）、“不倒翁”、“昆究”和“沫之漬”，這4種玉在肉眼觀察下，與翡翠十分相似，但其價值卻比翡翠低得多，致使一些消費者受騙上當，蒙受了經濟和精神上的損失。

“水沫子”就是我們在第33問中提到的鈉長石玉、硬鈉玉，其外觀酷似冰底或冰底飄花的翡翠。

“不倒翁”為緬語音譯，因這種綠色的玉石產於緬甸北部帕崗東北部的地名為“葡萄”的地方。緬語語音近似“不倒翁”，故雲南邊境市場俗稱為“不倒翁”。據北京大學地質系的王時麒老師到雲南瑞麗市場上的調查分析，稱為“不倒翁”的玉件有兩種，第一種為水鈣鋁榴石[主要化學成分為$Ca_3Al_2(SiO_4)_2(OH)_4$]，半透明至不透明，綠色多呈斑點狀或條帶狀，在濾色鏡下變為紫紅色；第二種為蛋白石（化學成分為$SiO_2 \cdot nH_2O$）玉髓類（化學成分為SiO_2），半透明到透明，綠色較為均勻，熟練的內行人肉眼可看出其種嫩，有皮沒有霧等特徵。“不倒翁”的鑒定特徵如表：

“不倒翁”的寶石學鑒定特徵

序	鑑別項目	第一種“不倒翁”	第二種“不倒翁”
1	成份	90%左右的水鈣鋁榴石，少量的斜黝帘石，符山石。	主要為蛋白石（歐泊）、玉髓和石英。
2	折射率	1.71～1.72	1.45
3	密度	3.41～3.44	2.13
4	硬度	6.5～7	5.5
5	濾色鏡反應	變紅	微紅
6	螢光	無反應	反白螢光

“昆究”，也是緬語的漢語音譯名稱，經研究，這是種軟玉，其結構較為細膩，透明至半透明，灰綠色或灰藍色，剖開後有青色的帶狀花紋及較多的雜質。其折射率、密度和硬度均比翡翠低。

“沫之漬”在雲南瑞麗、騰沖市場上比較常見，經研究，它的礦物組成和結構與翡翠差不多。實際上是翡翠的一個特殊品種，傳統的珠寶商界稱其為乾青種翡翠。專家稱其為鈉鉻輝石。“沫之漬”最突出的外觀特徵是顏色呈暗綠色，水頭較差，很多是有色無水，被戲稱為“乾三爺”。但也有優質的“沫之漬”，水頭較好，當被製成很薄的戒面、耳片一類飾品時，顏色綠得濃豔，人們稱之為“廣片”，有較高的觀賞價值和商業價值。當然，大多數的“沫之漬”水頭很乾，賣價也較低。

039 在翡翠原石上有哪些做假的手法？

前面我們談到，買賣翡翠原石（賭貨）存在著巨大的風險，在原石的交易中充滿陷阱與奸詐，對於不法商人來說，因為在翡翠原石上作假獲利巨大，作假後可使無人問津的品質低劣的翡翠賣出去，也可能把根本不是翡翠的石頭裝扮成翡翠讓人買走，從中獲取暴利。對於購買者而言，翡翠原料作假實在是難以識別，翡翠原石是一種很特殊、稀少的石頭，絕大多數人對它見得少，認識不深，所以購買時難免上當。到雲南來旅遊的消費者最好不要購買翡翠原石，但瞭解一些情況，乃至掌握一些這方面的知識是很有必要的。

在翡翠原石交易的過程中，一般在高檔原石上作假的情況更多一些：既有在整塊原石上作假色的，也有在局部作假的（主要在色上作假），而局部作假更具欺騙性，人們也更易上當受騙，根據專家的歸納總結，在翡翠原料上要注意以下作假手段：

翡翠作假的手法

作假色：人工染綠或熗色；人造松花或蟒帶；燒烤翡翠色；染椿色；作鐵殼；打孔灌色。

作假皮殼：作假砂皮；作假烏砂；作假蠟殼；作假形狀。

偽造假像：偽造翡翠切口，而不拋光切口以外的部分；翡翠貼片（二層石和三層石）。

其他玉石冒充翡翠

1. 納長石玉或硬納玉（水沫子）；

2. 綠色矽質玉，水鈣鋁榴石（不倒翁）；
3. 碧玉、貴翠；
4. 綠色軟玉（昆究）；
5. 獨山玉；
6. 大理岩；
7. 烏蘭翠（青海翠）；
8. 石英岩、矽質岩；
9. 蛇紋石玉；
10. 天河石；
11. 綠玻璃塊；
12. 其他。

對於翡翠原石的作假和以其他玉石冒充翡翠的手法，消費者很難識別，即使是行家，也得仔細觀察，再認真識別。識別翡翠原料除熟知翡翠的主要物理特徵和化學特徵外，還應特別注意以下的問題：

（1）**注意在大塊原石上擦出小皮的現象**。擦小塊皮又稱擦小口、開小窗，這樣的原料通常裂紋較多。毛病較多，或底子差，因此不敢開大窗，不敢擦去較多的皮。

（2）**注意觀察原石切口及蓋子的特徵**。當遇到有切口的原石，特別是切口上有綠的玉料時，務必看看切口的蓋子，有時蓋子上顏色較多，而主體原石上的顏色卻十分稀少，這說明越靠近玉料的內部顏色越少，故賣主常將蓋子收起來，有意不讓顧客看到。

（3）注意翡翠原石上有敲口、斷口或切口，但不拋光的現象。隱真示假是不法商人慣用的手法，不拋光敲口、斷口、切口，在這裏是不願讓人看到玉料的真實情況，很可能這不是一塊好玉，不願拋光，怕拋光後讓人看出其質地等品質狀況並不佳。

（4）注意火燒的新場玉。有些質地差的新場玉，為了冒充老場玉，往往用火燒，或因敲口處綠不正，水不好，用火燒手後可使人看不清，以便高價出售。

（5）注意作假的烏砂。內行人知道，有烏砂狀黑皮的原料內部有高翠的可能性大，再擦出小口，從口上看起來很綠，實際該原石並不是翡翠。

（6）注意觀察無皮水石和皮殼厚的山石的特徵。

（7）注意原料切口處的滿綠。看清楚綠色的真偽。即使是真綠，也不能只看開口處，因此處為整塊玉料的最好部位，要對整塊玉石作詳細觀察，從工藝角度來衡量其價值。

（8）注意光照條件下顏色與透明度的關係。有的翡翠平放觀看時，顏色、透明度都不佳，但光照時透明度增加，顏色變美，這種翡翠價值不高；反之，有的翡翠平放著觀察時，顏色透明度俱佳，在光照下透明度增加但顏色變淡，這樣的翡翠價值高。

（9）注意翡翠原料上找綠留下的痕跡。

（10）瞭解、學習不同翡翠場口出產原石的特徵。

此外，還應該注意因原石中存在裂紋，黑點，殘損等問題，以及賣主故意在有問題處施行寫字、塗墨、貼膠布、貼紙條、抹泥等手段，以掩蓋缺陷，分散買主或鑒定者的注意力，從而達到銷售次品的目的，在觀察翡翠原石的過程中，不可輕信商家和仲介人的話，要用自己的眼睛和大腦作出正確的判斷。不要貿然進入原石的交易，難以識別和預測時，只看不説，敬而遠之為妙。

040 怎樣理解“玉石無行家”、“神仙難斷寸玉”？

自緬甸發現翡翠以來，民間就開始了對翡翠的感知和認識，並形成了一些經驗性的口頭禪，這些口頭禪廣泛地流傳於玉石行業中。

“玉石無行家”、“神仙難斷寸玉”，是中國玉石界，尤其是翡翠商業界長期以來流傳不衰的兩句行話。也許，我們聽到這樣的話難免會產生“哪有這樣複雜”的疑問，或使對玉石，對翡翠沒有基本常識的人頓感翡翠深不可測，玄而又玄。顯然，若不界定特殊的具體情況，一味地宣揚“玉石無行家”一類觀念，對玉石產業的發展，對翡翠走向市場，為大眾所喜愛、所接受，是有消極影響的。

“玉石無行家”、“神仙難斷寸玉”這樣的行話，主要是針對識別、選購翡翠毛料而言。意思是對翡翠毛料的準確鑒別，任何人都沒有十分的把握。因為翡翠毛料（原石）絕大部分都由一層叫“璞”的皮殼包著，即使用聚光電筒或強的光源，也看不清其內部的狀況。前幾年，美國一家公司專門研製了一種據說是可探知原石內部狀況（色調、顏色分佈、原石結構等）的儀器，但這種儀器因售價太高或因其他局限，一直還未見到使用，估計即使正常投入使用，也無絕對準確的把握。因此，在翡翠原石的交易中，就是一些權威人士、老道的行家，也不敢大意，也難免有看偏，判斷不準之時，於是就有了“玉石無行家”一類行話。

為了防止“口袋裏賣貓”、“隔山相馬”而帶來的風險，在翡翠交易行業中，對賭石感興趣，只在“賭”字上下功夫的買家已漸漸減少，許多買家是要求將原石切成片料——即人們稱的“明料”，原石切片後，翡翠的品質檔次基本上可以一目了然，有人說購買經切割的片料風險就小得多或幾乎不存在什麼風險，其實不儘然，在片料上依然會存在問題。只是，在片料上發現問題，要比僅從外部皮殼的特點，來推斷內部情況的好壞要容易得多。

賭石　　明料

賭石與明料

041 什麼是“松花”、“蟒帶”、“癬”、“色眼”？

人們普遍認為，購買翡翠原石就是賭運氣，所以買翡翠原石就是買賭貨，具有幾分賭博的性質。買賭貨有“十賭九輸”的風險，說明翡翠原石的真實情況不易瞭解，且與原石的外部的狀況相比較，其內部的變化很大，不易找到規律。然而，從岩石學的角度出發，根據原石的外部特徵來推斷內部情況，也並非一點規律也沒有。一般情況下，當翡翠原石內部存在某種顏色時，則其外表皮殼上會以某種特徵和跡象表現出來。如果當原石的外表出現被內行人士稱為“松花”、“蟒帶”、“癬”、“色眼”等特徵時，則預示或徵兆著在翡翠原石的內部存在著綠色。這些外部跡象，是有經驗、有膽識的翡翠商人購買賭石的重要依據。

松花。是出現在原石表面的青花彩跡，松花形態多種多樣，據總結約有20餘種，典型的松花如：點點狀松花、縠殼狀松花、柏枝松花、絲絲松花，帶形松花、蚯蚓松花、螞蟻松花、春彩松花、一筆松花等等。若在翡翠原石上看到了松花，則表明其內部有綠色存在，一般原石表面上松花所呈現的顏色色調，是與其內部的顏色相一致的，松花的分佈有疏密，其顏色有濃有淡。松花越綠、越明顯越好，外表沒有松花的原石，在其內部很少會有綠色。當然在觀察到皮殼上的松花之後，還要研究松花是真還是假，松花僅僅在表層還是進入了內部等情況，各種松花對玉石的作用，是一個很複雜的問題。

蟒帶。是在原石外表出現的與其他地方不同的、由細沙形成的細細的條紋或塊狀物，它在顏色上與周圍並沒有明顯的差異，其紋帶有的明顯，有的卻隱隱難辨，必須是有經驗的行家，並特別認真地觀察才不致有誤，有無蟒帶，也是判斷原石內部有無綠色的一種重要的參考標誌。有蟒帶的原石可能有綠，也可能沒有綠，有的必須在蟒帶上找到松花，方可決定購買，否則把握不大，因為有蟒帶無松花的石料除個別場口外，大多只有淡淡的綠色。

癬。指在翡翠原石外皮上出現的一種大小不等，形態多樣的黑藍色、白色、灰白色或灰色的物質。癬在原石外皮上有邊緣、有層次、有走向。癬在形態上可分為兩大類：其一為團塊形癬，如膏藥癬、睡癬等；其二為脈狀形癬，如直癬、豬鬃癬等。癬的出現與綠色的存在有很大關係，常被行家作為一種有綠的重要的標誌和印記。

色眼。指在翡翠皮殼上出現的一種像漏斗形的凹坑，原石上有色眼，常被行家視為一種與綠色有關的現象，而對有色眼的原石看好。

色眼（摩佉圖）

042 怎樣理解“綠隨黑走，綠靠黑長”等行業俚語？

在對翡翠原石有無綠色的判斷上，“綠隨黑走，綠靠黑長”是一句很有參考價值的行話。這一類相玉行話是對經驗的總結，也有著一定的科學依據。

翡翠的顏色，當翡翠（硬玉）中不含致色的雜質——微量元素時，它呈無色透明或白色半透明狀；當翡翠（硬玉）中含有微量的鉻時，則呈現出綠色；當翡翠（硬玉）中含鉻量較高時，便會呈現墨綠色，甚至看上去為黑色。所以，有“黑”是翡翠原石中含鉻較高的標誌之一。在含鉻量降低之處很可能會出現綠。也可以說，在某些時候“黑”是綠色存在的徵兆。因此在開了窗的原石上見到了黑色或墨綠色，是一種好的現象。至於有“黑”是不是一定有綠，這還不一定；或外表有黑，裏面出現了綠，但綠到什麼程度，有多少面積（體積）的綠，這裏面有許多不同的情況，還較為複雜，只能靠經驗和幾分運氣去推測，所以仍存在著“賭”的成分。

在翡翠原料的交易中，有些賭石表面有一條綠帶子繞玉石一圈，有些賭石在表面開了一個視窗，能看到一條寬窄不等的翠綠色帶子或線條，這些情況説明了綠進入了翡翠肉內，呈穩定的層狀分佈，切開後其內部有綠色，可以考慮買，而有的賭石外表看似松花很滿，但綠未透到內部，或賭石切口的天窗上看起來是一片綠，但這樣的綠很有可能浮於外表，深度很有限，是商家看準了有一小片綠，故意切口顯示給買主看的。對於“一片綠”的現象，要提高警惕，不可賭，否則切開玉料後，其內部沒有綠色或綠的部分甚少，自己蒙受損失。所以“寧買一條線，不買一大片”，但對於一條線的，也要在現場和具體分析，絕不是見了“一條線”便放心去買。

品質篇

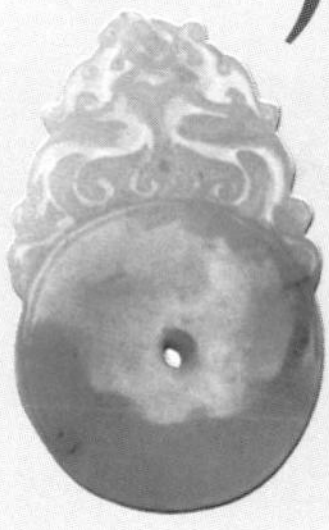

043 衡量翡翠飾品質量（價值）高低的指標有哪些？

我們在購買翡翠飾品，尤其是貴重的翡翠飾品前，有兩方面問題應引起重視：第一，辨別真偽，以免買到假貨，吃虧上當；第二，應大體上能衡量出自己打算購買的玉器，屬於哪一個檔次的飾品，其價格應定位在哪個級別範圍內。瞭解和熟知評價翡翠品質等級的標準，對於商家來說，翡翠的定價有據可依，因此是物有所值；對於消費者來說，心中踏實，避免了盲目性、避免花冤枉錢。

當前，珠寶市場的秩序日益規範，以假充真的商家越來越少了，對翡翠真偽的鑒別、判定已成為較易解決的問題，對售假的處理早已有法可依，清楚明瞭。但對翡翠品級高低的衡量，據此對它的價值作一個大概的估量，則相對要複雜一些。千百年來盛行的“黃金有價玉無價”的習俗理念，更加深了人們對玉器，尤其是對翡翠品級、價值難以衡量的神秘色彩，從一定程度上影響了人們對翡翠的消費。人們希望有一套更切近實際情況的指標對翡翠做出品質評定和藝術鑒賞，給商家定價、消費者購物等價值評估行為提供簡便易行、具有可操作性的依據。

對於翡翠的品質分級。國內外的有關機構、專家及行業內的有識之士曾做出過許多有益的探索，陸續提出了一些好的觀點和方案，但這些觀點和方案較多的是對形狀簡單的戒面進行分級，而翡翠飾品千姿百態，且在翡翠飾品中戒面僅占很小比例，只解決對戒面一類簡單飾品的品質分級，遠遠滿足不了消費者的需求，只有定出一套能涵蓋絕大多數翡翠飾品、雕件的品質評定指標，才是“更合理，更完整”，也更切合實際和更能解決實際問題。為此，雲南省珠寶飾品質量監督檢驗所在有關部門的支持下，會同了一批的翡翠專家制定了雲南省地方標準《翡翠飾品分級》。該標準的出臺，為判定翡翠品質的好壞，提供了可知可靠的原則和依據。

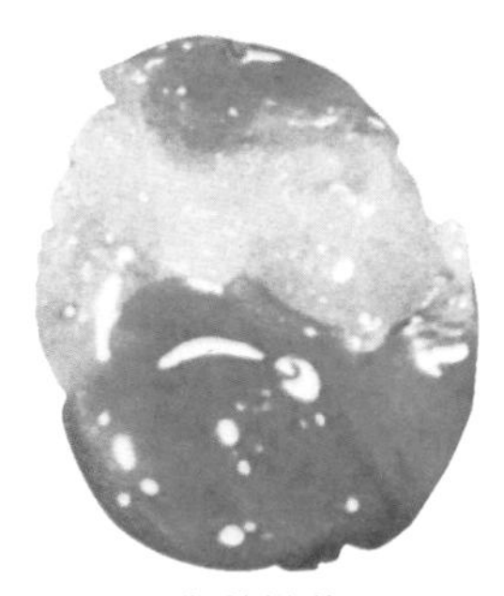

翡翠掛件
（昆明中如珠寶）

判定一件翡翠飾品優劣時，可從質地、顏色、透明度、地張、淨度、工藝、重量和完美度八個方面進行衡量，然後做出綜合評價。

（1）質地。俗稱“種”，是翡翠品質高低的重要標誌。有的專家又將質地定義為翡翠的結構和組織構造。

質地反映了翡翠中纖維組織的疏密、粗細和晶粒粒度的大小、均勻程度。結構緻密細膩，晶粒小而勻的質地就好，反之則差。

（2）顏色。簡稱“色”，顏色的種類在翡翠中非常豐富。紅為翡、綠為翠，以翠為貴，其他顏色不能與綠色（翠）相提並論。在翡翠中還有另外一些常見的顏色，如紫、黑、藍、灰等等。

同一種顏色，有濃淡、明暗、均勻、色形、色比、色所處的位置之分，對此我們將在第49問中詳細介紹。

（3）透明度。俗稱“水”，透明度是光在物體中的穿透過能力。透明度的優劣，決定了翡翠是否潤澤、晶瑩、清澈，透明度與質地、顏色及飾品的厚薄因素有關。在翡翠商業界，透明度好的翡翠飾品稱水好、水頭足等，反之則稱水乾、水短等。透明度好則玉件的品質品級高，透明度低，則品質品級低。

（4）地張。又稱“底”或“底子”，簡要地說，綠色的載體即為地張——“底”（這個“底”包括了翡翠除綠色以外的所有物質存在）。評價“底”的優劣有兩項指標：其一，翡翠中綠色部分與綠色以外整體之間的協調程度，即質地、透明度和顏色之間相互襯托的效果；第二，除綠色以外的部分（包括其他顏色）的乾淨完好程度。

地張是一項綜合指標，是翡翠種、水、色淨度狀況的綜合體現，它主要指質地、透明度和淨度，同時還包含了色調和顏色的表現特徵。

翡翠手鐲

（5）淨度。即翡翠質地的純淨程度及完好程度。如翡翠中沒有黑點黑塊，沒有雜質、白棉，沒有裂綹等缺陷，則翡翠的淨度高。反之則相反。

（6）工藝。簡稱“工”，包括翡翠飾品的設計構思，圖形款式和雕刻製作工藝的水準。顯然，構思獨到高雅，文化內涵豐富，做工精良的飾品，方為品質上乘。

（7）重量。對於兩塊在種、水、色、工藝方面相近或相同的翡翠，肯定是重量大的價值高於重量輕的。

對於全綠翡翠飾品，重量應大於5克拉（1克）以上，方具備高檔翡翠的價值。

（8）完美度。完美度主要指有關聯繫要求的玉件，其大小一致，圖案對稱或相互協調，成雙、配套的完好程度。如龍鳳佩、耳釘、耳環等就有完美度的要求。其次是指在飾品製作時的用料，巧妙使用玉料，使圖形圖案構造無缺憾的理想程度。

翡翠擺件（年有餘慶）
昆明萬利福珠寶提供

在以上八項指標中，質地、顏色和透明度，三項指標最為重要。質地（種）、透明度（水）決定著一塊玉件是否有“靈氣”，是否耐看，而顏色則常常決定了玉件是否高貴。只有既具備好的顏色，又具有“靈氣”，才能顯示出翡翠玉件的高貴和典雅。綜合評價的原則是：運用上述八項指標衡量翡翠時，優點越多，品級越高，價值也越高。根據評價翡翠品質的綜合指標，我們可將翡翠的品質品級劃分為極好、很好、好、較好、一般、差6個等級。

對於少數具有特殊價值的翡翠製品的評價，除考慮上述8個要求外，還須考慮其特有的政治、人文背景及歷史文物價值等因素。

044 怎樣評判翡翠玉質（質地）的優劣？

在翡翠交易中，翡翠“種”的概念無處不在，因為“種”的優劣從很大程度上反映了翡翠玉件的品級高低，是評價翡翠商品價值的最重要的指標之一。目前的商界及至學術界對翡翠的價值評價甚至形成了兩種觀點：一種觀點認為“色”第一重要，另一種觀點則認為“種”應擺在首要位置，故有“外行看色，內行看種”之說。筆者認為這兩種觀點是見仁見智的結果，對於中檔或中檔以下的翡翠，從適用兼觀賞的角度來看“種”好“水”好第一重要；對於中檔以上的翡翠，從價值高低兼欣賞的角度看，則顏色至關緊要。但高檔翡翠至少必須種、色、水俱佳。在實際上，高檔翡翠畢竟為數很少，所以筆者仍認為種第一，色應屈居第二——這也符合中國人評價玉料時“首德次符”（質地等內涵因素屬於“德”的範疇；顏色等直觀表現屬於“符”的範疇的審美觀和價值觀）。

種，又稱“玉質”或“結構構造”，在雲南省地方標準《翡翠飾品分級》中，將這一概念定義為“質地”。“種”反映了硬玉礦物結構（玉肉的結構）的疏密、晶粒的大小或粗細特徵。簡言之，“種”就是玉肉結構的致細程度和晶粒的大小粗細，再簡要地說，“種”就是玉石材質的疏密粗細。這樣的理解不但對翡翠適用，對其他玉石也同樣適用。根據翡翠結構的疏密和晶粒的大小，可將翡翠的質地劃分為4個品級：

（1）緻密級。憑肉眼或借助於10倍放大鏡看不到玉肉中的晶粒體，看不到微細的裂隙或纖維狀結構，看不到“翠性”。

這個檔次的翡翠玉肉中晶粒直徑不大於0.1毫米，屬高檔貨的品質指標。

（2）細粒級。用10倍放大鏡可以看出玉肉中極少數的細小的晶粒體，可以看到很少的細小裂隙或纖維狀結構，偶見翠性。細粒級翡翠玉肉中的晶粒直徑大於0.1毫米但小於1毫米，品級尚佳，屬中高檔或中檔貨的品質指標。

（3）中粒級。僅憑肉眼就能發現翡翠玉肉中大小不均的晶粒體，可以看到細小裂隙纖維狀結構或團塊狀、斑點狀的棉一類物質，可以較容易地看到翠性，中粒級翡翠玉肉中的晶粒直徑在1～3毫米間，品級一般，屬中檔或中低檔貨的品質指標。

（4）粗粒級。憑肉眼明顯能看出翡翠玉肉中的晶粒體，可明顯看到裂縫，纖維狀結構或團塊狀，斑塊狀的“棉”一類雜質，可明顯地看到翠性，粗粒級翡翠玉肉中的晶粒直徑大於3毫米，品級較低，屬中低檔或低檔貨的品質指標。

緻密級和細粒級的翡翠，商業界人稱為“肉細”、“種老”或“老種”，如老坑玻璃種翡翠（卵石料）；中粒級、粗粒級的翡翠，商業界俗稱“肉粗”、“種嫩”或“新種”，如新坑豆種翡翠（山石料）。“老種”的翡翠，質地發育良好，因而結構緻密，組織細膩，常表現為底、水、色俱佳；“新種”的翡翠質地發育一般，結構較為疏鬆，組織粗糙，品質品級不高。為什麼玉肉會有粗有細，翡翠有“老種”、“新種”之別，有一種較新穎的觀點認為：“水能養玉，有水則靈，有水則透”，例如相同種類的玉，卵石狀玉料的結構構造和透明度就常常優於山石料，這是因為卵石狀玉料長期處於地表（下）水的浸泡，衝擊再加上其他地質作用，在漫長的歲月中會發生“水岩反應”，促使玉石的結構良性發育，同時會使玉石中的微細裂隙發生癒合。能發生水岩反應的地質環境有助於細化結構，使玉石的透明度提高；而山石料尤其是處於地下乾燥的翡翠原料，其生成環境和條件與卵石料就有所不同，從一定程度，一個方面影響到了其結構的發育。有水或無水的環境中，其中產出的玉質是不同的，如田黃石、軟玉、翡翠等玉石，都有這一規律。

玉石的質地和透明度、顏色之間的關係十分密切，通常，“種”好則“水”好，若“種”、“水”都好，則更容易襯托出色的明麗和形狀。在市場中經常可以看到，有的翡翠飾品雖然顏色較淺，但因其“種”好，則很有靈氣、很耐看；有的翡翠飾品雖有較綠的色，卻因其種質差，色好也往往缺少魅力。在翡翠的石料中，有的翡翠原石的顏色較淡，只有脈狀的綠絲，因其種老透明度好，製成工藝品後，其顏色會比原先明豔，鮮活——俗稱“綠吃石頭”；若種嫩質地不好，透明度不佳，即使原料上有較深的綠色，製成工藝品後，顏色反不如當初——俗稱“石頭吃綠”。可見，翡翠玉質的重要性。

質地細膩的翡翠

質地粗糙的翡翠

消費者在選購翡翠玉件時，可將玉件拿起在燈光或陽光下對著光由下往上觀察，若玉件內部的晶粒很小，很均勻，玉件內部結構很細膩，看不出有明顯的石紋，玉件透明度好，則翡翠的種質優良；若玉件內部的晶粒較大，分佈不均，玉件內部的結構疏鬆，甚至能明顯看出裏面的“綿”，石紋或團塊、斑塊狀物質，玉件的光澤，透明度差，則翡翠的玉質低劣。對於大小相近，顏色相似，款式相同，雕工水準在同一層次的翡翠玉件來說，玉件的玉質不同，其靈秀程度、潤澤程度美感會有很大的不同，其價格也常常會相差甚遠。根據質地、顏色、透明度等特徵，市場中把翡翠分為許多品種（見第78問）。

045 翡翠的顏色與其價值有什麼關係？

在市場中，我們常會看到有些質地、透明度、大小款式和工藝水準都相似或相近的翡翠飾品，但它們之間價格卻相差很大，這其中的主要原因之一，就在於顏色的不同。翡翠的價值與其顏色及顏色的濃淡、顏色的分佈狀況、顏色的形狀（色形）的關係十分重大。一般說：翠綠最貴，秧苗綠、蘋果綠、紫羅蘭、紅翡、花青、豆青、油青、瓜皮綠等顏色次之，白色和灰色等再次之，但如果在白色的基底上有綠色，如“白底青”，則價值又可回升一些。

翡翠的不同顏色，是由於含不同的微量元素所致。微量元素的種類不同，或具有相同的微量元素但因其含量多少不同，是造成翡翠顏色千差萬別的根本原因。不同顏色的翡翠，在市場上價值便會大不相同。以最常見的翡翠手鐲為例，一隻滿綠色、透明度好、質地細膩的手鐲，其價值可能是一隻灰藍色的、不透明、質地粗糙手鐲的數百倍甚至上萬倍。說得具體一點，一隻灰白色且不透明的低檔翡翠手鐲，100元左右便可以買到；一隻透明度佳、淺綠帶椿（紫羅蘭）的翡翠手鐲，售價至少1000元以上；一隻淡綠飄藍花、透明度較好的翡翠手鐲，售價可達數千元；一隻通透無瑕，全部或大部分都為翠綠色的高檔翡翠手鐲，其售價可達十幾萬至100萬元；一隻滿綠色、透明度、質地、淨度非常好的特高檔翡翠手鐲，售價可達100萬元以上甚至數百萬元以上。

由此可見，顏色不同，價格不同，顏色對翡翠價值的影響非常之大。故玉石界對翡翠價值的評價有一句行話：“色綠一分，價高十倍”。

046 翡翠的顏色基調有哪幾種？

市場中翡翠玉件的顏色可以説是豐富多彩，千變萬化，使人目不暇接。但萬變不離其宗，不離其根本。對翡翠所有色彩進行歸納和總結後，我們發現，其實翡翠顏色的基調只有以下幾種：

綠色——俗稱為“翠”，主要是由微量的鉻離子（Cr^{3+}）所致。

紅色——俗稱為“翡”，由微量的鐵離子（Fe^{3+}）所致。

白色——白色的翡翠基本不含雜質元素。

黃色——俗稱為“黃翡”，含微量元素鐵離子（Fe^{2+}）。

紫色——俗稱“春”或“椿”，含微量元素鉻（Cr^{3+}）、鐵（Fe^{3+}）、鈷（Co^{3+}）等。

黑色——含2%以上的鉻（Cr^{3+}）和鐵（Fe^{3+}）。

在翡翠界，曾經流傳著翡翠的品種和顏色變化有“三十六水”、“七十二豆"和“一百零八藍”的説法，使人感到非常神秘。這是怎麼回事呢？據相玉大師，中國臺灣的周經綸先生推測，這種説法可能是洪門幫會中的“智謀人士”發明的，因為三十六天罡，七十二地煞，合為一百零八天地，寄意翡翠中的種種顏色、質地和透明度的變化無窮無盡。一句話，只能説明種類繁多而已，並不一定有所謂“三十六水”、“七十二豆”和“一百零八藍”。筆者認為，這種帶有過於神秘色彩的説法，以及對事物過分的複雜化，有悖於

翡綠欲滴

現代科學分析、歸納、總結問題的立場、觀點和方法，不利於翡翠知識的普及，從而也無助於翡翠作為一種商品，通過市場而被千家萬戶所接受，所以這樣的說法不足為據。

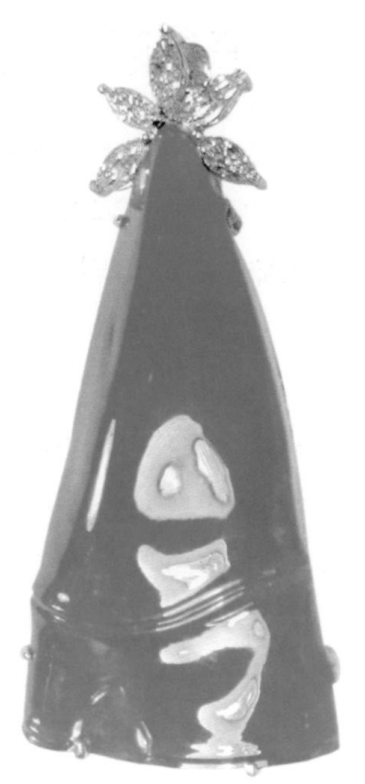

翡翠掛件（竹筍）

翡翠的顏色，以綠色的價值為最高，所以我們將以綠色為重點，對翡翠品級的優劣做出評價；其次為紫色、亮紅色、橙紅色；白色、黑色價值中等，而灰色、褐色則會降低翡翠的價值。至於青色、灰色等顏色，是顏色基調中某幾種顏色的混合色。一件翡翠飾品，極少由一種顏色基調組成，而絕大多數是由兩種或多種顏色基調混合而成。

047 怎樣理解翡翠顏色的產生與變化？

寶玉石，尤其是翡翠的顏色，可謂最富變化、千差萬別，很難形容和把握。單說翡翠的綠色，在民間就被分為“寶石綠”、“豔綠”、“玻璃綠”、“黃陽綠”、“淺陽綠”、“菠菜綠”、“淺水綠”、“瓜皮綠”、“梅花綠”和“墨綠”等等。顏色被分得這樣複雜。使人生畏，人為地增加了對翡翠顏色難知難辨的觀念。其實色彩現象雖然複雜，但它的產生、組合、變化卻是有規律的。用寶石色彩學的原理，我們便能理解並解釋翡翠顏色千變萬化的現象。

寶玉石的顏色，是寶玉石對不同波長的可見光吸收，透過和反射等綜合作用而形成的。例如，當某種寶石對白光中不同波長的色光（紅、橙、黃、綠、青、藍、紫）都吸收時，或吸收率大於80%時，人眼看上去寶石呈現黑色；當某種寶石對白光中的色光都反射或讓這些色光均勻地透過，人眼看上去寶石為白色；當寶石對白光中除紅光以外的各色光都吸收——即吸收了白光中的橙、黃、綠、青、藍、紫光，但未吸收紅光（讓紅光透過），則人眼看上去寶石呈紅色；當寶石讓紅光透過，讓少部分的藍光透過，而對其餘色光全部吸收，則人眼看上去寶石顯紫紅色——紅色與少數藍色混合後變為紫紅色。如此不斷組合與排列，則顏色變化無窮。

對於翡翠來說，主要是因為其化學成分中含有微量的雜質元素。例如，純淨的翡翠是無色的，當其中含有一定比例的鉻元素時，翡翠便呈現綠色；當其中含有一定比例的鐵元素時，可使翡翠呈現橙紅色或橙黃色……雜質元素的種類不同、比例不同、濃度不同，可使翡翠呈各種顏色。

如何理解翡翠飾品中不同顏色的不同含義？可以肯定，不同的國家、不同的地區、不同的民族甚至不同的人，對同一顏色寓意的理解都有著差異。一般來說，人們對珠寶首飾的顏色是各有所好，常根據個人的愛好來選擇，並無一定之規。但經心理學、美學專家分析並經過大量的調查、測驗和統計認為，色彩是有寓意、有性格的。在此列出各種顏色的寓意，以供消費者參考：

紅色：象徵活力、熱情、喜慶和吉瑞；

綠色：象徵青春、朝氣、希望與和平；

黃色：象徵高雅、舒適、溫和與光明；

橙色：象徵興奮、喜悅、活潑和華美；

紫色：象徵高貴、安寧、神秘和華麗；

青色：象徵希望、坦蕩、堅強和端莊；

藍色：象徵寧靜、自然、清新和寬廣；

白色：象徵純潔、神聖、愉悅和清新；

黑色：象徵莊重、神秘、富貴和寂靜。

048 什麼是翡翠的“正色”、“偏色”？

所謂“正色”和“偏色”，是翡翠界對翡翠顏色類別和顏色的檔次的一個大致的劃分標準。綠色和紅色在翡翠商業界中被視為正色。凡是價值高貴、達到寶石級的翡翠，均要求其顏色為正色或帶有正色，並具有濃郁、純正、明亮、均勻的特點，即所說的“濃、正、陽、勻”。

翡翠6種正綠色

翡翠的綠有多種多樣，也就是說綠的種類很多，但僅有以下6種綠，被翡翠界稱為正綠色：

（1）豔綠：不帶黃色調或其他色調的深的正綠色，俗稱高綠或帝王綠，具有這種顏色的翡翠在市場中的價值最高。給人的感覺是高貴、莊重、大方。

正色（翠綠掛件）

（2）蘋果綠：肉眼觀察不出黃色來，但其綠色實際上含有少許黃色調，並向黃色調稍有偏離。給人的感覺是旺盛、充滿活力。

（3）秧苗綠：用肉眼可以觀察出綠中有微少的黃色，猶如春季秧苗返青時的嫩綠。給人的感覺是鮮活，富有朝氣。

（4）翠綠：明亮的深綠色略帶黃色調，給人的感覺是賞心悅目，欣欣向榮。

（5）俏綠：中等深度的正綠色，給人

的感覺是高雅、美麗。

（6）黃陽綠：較淺的綠偏黃色，給人的感覺是輕鬆、清雅。

翡翠3種正紅色

正色的紅有以下3種：

（1）亮紅：鮮豔的紅略帶黃色，象徵著富麗、喜慶和吉瑞。

（2）橙紅：為紅色與黃色的混合色，象徵快樂、豐收和富足。

（3）蜜蠟紅：為紅色、黃色和白色的混合色，象徵高雅、安寧和舒適。

偏色

除上述綠色、紅色以外的其他綠色、紅色及其他顏色（灰藍、黃、白、黑等），皆為偏色。偏色在色譜上多偏於藍、黑、黃等色段。如藍綠、灰綠、瓜皮綠、暗紅、棕紅和褐紅等，這些顏色的翡翠在市場中很多，價值也不高。另外，對於紫色，傳統的翡翠界將其視為偏色。但在近20年中，紫色，尤其是紫羅蘭色（俗稱“春”）的價值一直被人們看好，成為價值僅次於綠色的一個顏色品種。

偏色（暗綠掛件）

049 怎樣評價翡翠中綠色的檔次？

顏色是評定翡翠價值的主要因素，正確地評價顏色的檔次，是翡翠價值評估中的一個難點和重點。由於翡翠顏色的多樣性和複雜性，在以往我們更多的是對顏色的檔次做出定性地評價，在定性評價中，由於評價者喜好、學識等等因素的不同，面對同樣一件翡翠飾品的顏色，不同的人會得出相差甚遠的印象和結論，使翡翠品質分級和價值評估的工作難以開展。在此，筆者試圖在前人、前輩的學識、經驗和定性評價的基礎上，對翡翠顏色的檔次做出定量評定的嘗試和探索，以求拋磚引玉，為玉石、玉器品質分級和評估工作提供參考。

翡翠有6種基本色調，而綠色的價值最高，綠色的品種也最多，因此綠色在翡翠的基本色調中及在眾多的顏色組合中最具有典型性、代表性，在這裏僅對翡翠的綠色作定量評定，以求出綠色的品質品級和檔次高低。

面對一件綠色或帶有綠色的翡翠飾品、雕件或原料（弄不清內部情況的賭石除外），我們可從色調、明度、飽和度、色形、色比、色的均勻度、色的純淨度和顏色所在的位置八個方面作出評價。並綜合這八項指標的得分情況、將綠色分為特高檔、高檔、中高檔、中檔、中低檔和低檔6個檔次，就能較客觀、較準確地對綠色的價值做出評估。具體規定見評價表，現對表中各項評價指標作如下說明：

（1）色調：即彩色物質間相互區分的顏色特徵。如紅色、黃色、綠色、紫色等等。寶玉石顏色的色調取決於光源的光譜組成和寶玉石對可見光的選擇性吸收，色調也可以說是某種顏色自身所具有的色素類別。評價表中的色調，是在綠色大類中，根據組成綠色的色素比例的不同，再進行的細分或細化。對綠色來說，色調評價的實質是綠得“正”還是綠得“邪”。綠色純正鮮豔，沒有含藍色、黑色等成分，則謂正綠——綠得正，而除正綠以外的綠色，均屬“邪”。

（2）明度：又稱為亮度，指人眼在光源下對顏色明度程度的感覺。顏色明度高為色亮（陽）。明度低為色暗（陰）。明度高低與寶玉石的結構、透明度及厚薄狀況有關。明度評價的實質是翡翠是綠得“陽”，還是綠得“陰”，即評判為綠色明亮、鮮靈，還是昏暗、凝滯。

（3）飽和度：可稱為色度，指顏色的鮮豔程度。顏色的飽和度高為色濃，飽和度低為色淡。對飽和度（色度）的評價要解決的問題是翡翠的綠色是“濃”，還是“淡”。從評價表中可看出，顏色太濃或太淡都不能得到高分，飽和度必須適中，其對應的顏色檔次才高，才有良好的視覺感受。

（4）色形：即顏色在寶玉石中存在的形狀特徵，在評價表中當指綠色的形狀特徵。如果是滿綠，則無形，但也是最好的形態，得分最高。在實際中，滿綠的翡翠畢竟只占很小的比例，在更多的翡翠玉件或原料中，綠色是以一定的形狀分佈於整塊玉件、玉料之中，根據翡翠界行家、專家學者的規納總結。常見的綠色色形主要有：

❶點狀綠：綠色為顆粒狀、點狀，大小不等地灑在、分佈在翡翠玉件的表面或玉料之中。

❷皮包水：也稱“水浸”或“乾心”、“白心”，其特點是翡翠礦體受外界水分、潮氣等因素侵蝕後，有灰暗色沿整個翡翠

自外向內入浸，受浸部分顏色呈一定浸染形狀、透明度較好，但越往裏越較乾白。

❸靠皮綠：綠色僅存在於翡翠玉件、玉料的淺表層，呈薄薄一層皮狀。

❹絲片綠：其特點是在色重之處，色形如片狀、塊狀；在色微之處形如遊絲。當絲塊相連時宛如瓜蔓牽連瓜果，俗稱“飄花”的翡翠飾品，其顏色形狀常為絲片狀。

❺星雲狀：是點狀色形與片狀色形的綜合體，其特點是具有大小不等或相互獨立，或互相連在一起的星點狀、片塊狀、團狀綠色。

❻條帶狀：又稱帶子綠，其特點是以不同的條帶狀、脈狀貫穿於硬玉礦體之中。條帶多、底子好的翡翠耐看、好看。

❼特殊形狀：如色形呈山峰、波濤、長虹狀；色形呈某種動物、植物狀等等，在玉件、玉料中，有時特殊形狀的顏色會產生強烈的神秘感和巨大的藝術魅力，使玉件、玉料的價值陡然上升。

8.均勻狀：在評價表中，我們將滿綠界定為色形均勻，從翡翠商貿的實際中和理論上，我們都認為滿綠是最好的色形。這也正好與“大象無形”的哲學觀和審美觀相吻合。

（5）色比：即翡翠中有綠色部位的面積（或體積）與總面積（或總體積）的比值：

$$色比=\frac{綠色面積}{總面積}\times 100\% = \frac{綠色面積}{總面積}\times 100\%$$

例如對於一粒滿綠的“老坑玻璃種”的翡翠戒面來說色比

為1（100%）；對於某件半綠的“白底青”翡翠掛件來說，色比可能約為0.5(50%),對於種、水、色、底大小等條件相同的翡翠來說。色比值高的翡翠優於色比值低的翡翠。需要指出的是，色比的數值在非滿綠的飾品中較難做出精確的計量和計算，因此允許使用目測法和估算的方式。有經驗的評估專家或商貿人士，常常只用肉眼觀察，就可以判定出色比值的高低及顏色均勻度的優劣。

（6）色的均勻度：簡稱“勻”，在翡翠綠色評價中俗稱“和”。這一指標要求綠得均勻柔和，如果綠得不均勻、不柔和。綠色呈團塊狀，星散狀，則稱為“花”。在翡翠玉件中，均勻的綠色與好的底子、好的透明度等條件組合在一起，會顯得非常高貴，令人賞心悅目。

另外，色比高的翡翠，其色的均勻度不可能一定就好，如一塊全綠的飾品，色比為1，但在這件飾品上有的地方色濃，有的地方色淡，如此，色的均勻度還是不夠理想。

（7）色的純淨度：綠的顏色中無雜色、雜質（如黑點等）即為顏色純淨。若綠色區域內有雜色、雜質等，則色的純淨度差；反之，純淨度佳。

（8）色所在的位置：在非全綠的翡翠飾品中，綠色所處的位置亦很重要。綠色所在的位置好，則能起到突出主題、協調整體或畫龍點睛的作用，無疑會提高翡翠的價值；相反，色雖好但所處的位置一般或不佳，則顏色對翡翠價值的提高作用是很有限的。

根據評價表中各項指標所得分數（各項評價指標得分累加後的算術平均值），將翡翠的綠色劃分為特高檔、高檔、中高檔、中檔、中低檔和低檔6個品級。評價方法詳見評價表中的“評定規則”欄。

評價表中“評定規則”所給定的判定數值，是在對各種綠色翡翠進行評價實驗後，通過反復地修正後而定出的，即在實驗、總結、歸納的基礎上而定出的數值範圍。按“評定規則”做出來的評價基本上能與翡翠的實際品質檔次相吻合。例如，我們選取了最常使用的綠色系列翡翠手鐲作為評價物件，所選取手鐲的顏色分別為：蛤蟆綠、油青、瓜皮綠、飄藍花（偏藍色的綠）、淡綠（俗稱“藍水“）、絲帶綠、黃楊綠（俏綠）、翠綠和豔綠（俗稱帝王綠），評價後的情況詳見——翡翠綠色評價結果表。

這裏介紹的僅僅是對翡翠的綠色作定量地評價。評出顏色的檔次後,再結合“種”、“水”、“底”工藝、完美度、形狀、重量大小七項因素進行綜合評定，很快就可較準確地評定出翡翠飾品的品質品級和價值高低。在除顏色以外的品質指標中，“種”、“水”重量大小及淨度，都可以進行量化評價。這樣，用科學的方法對實踐經驗進行總結、歸納，再形成一套規則、對重大的、有較大分歧的翡翠價格評估問題，就能以定量、定性相結合的方式，較為客觀、準確地予以解決，使拍賣、價值評估、典當價值裁決等經貿活動有一套“遊戲規則”。

翡翠綠色價值高低評價表

序號	評價指標＼各指標得分	10	9	8	7	6	5	4	3	2	1
1	色調（正、邪）	艷綠	翠綠	秧苗綠	蘋果綠	俏綠	偏綠（微藍）	偏綠（偏藍）	偏綠（偏灰）	偏綠（灰黑）	偏綠（偏黑）
2	明度（陰、陽）	極亮		很亮		明亮	較亮	中等明亮	較暗	暗	很暗
3	飽和度（滾、淡）	鮮豔		深淺適中		濃郁	較深	深	較淺	色淺	色淡
4	色比（%）	100	90	80	70	60	50	40	30	20	10
5	色形	滿綠	特形	條帶狀	星雲狀	絲片狀	靠皮綠	皮包水	點狀綠	塵狀綠	其他
6	均勻度（勻、花）	極均勻		很均勻		均勻	較均勻	欠均勻	不均勻	很不均勻	
7	顏色純淨度	無雜色		微雜色		有雜色		多雜色		重雜色	
8	顏色所在位置	滿綠、關鍵部份		正面		中間		側面、背面		邊角部份	

評定說明

❶ 對各項評價指標分別做出評價、打分，每項指標最高為10分，最低為1分

❷ 表中的縱向內容（列）之間，並不一定具有對應關係，如某翡翠色調為蘋果綠，色調分為7分，但其色形為點狀，則色形分別僅為3分。

❸ 對8項指標做出評價後，累積得分以8，即為某件翡翠飾品的實際得分，最高為10分。

❹ 根據得分數，將翡翠的綠色劃分為特高檔、高檔、中高檔、中檔、中低檔和低檔6個級別；

特高檔：$9.5 < F \leq 10$　高檔：$8.5 < F \leq 9.5$　中高檔：$7.5 < F \leq 8.5$

中檔：$5.5 < F \leq 7.5$　中低檔：$4 < F \leq 5.5$　低檔：$1 < F \leq 4$

❺ 在評價指示中，色調、顏色的純淨度二項內容屬於關鍵因素，若其中任何一項低於7分，都不能評定為特高檔或高檔翡翠。

翡翠綠色評價結果統計表表

序號	評價指標 / 綠色品種	各項指標得分數								累積得分	平均分	評價結論
		色調	明度	飽和度	色比	色形	均勻度	純淨度	色的位置			
1	蛤蟆綠	1	1	2	8	5	2	3	6	28	3.5	低檔
2	油青	4	2	2	9	8	2	4	6	37	4.62	中低檔
3	瓜皮綠	2	2	3	9	8	4	4	9	41	5.12	中低檔
4	飄蘭花	4	5	5	2	8	4	8	8	44	5.5	中檔
5	淡綠（藍水）	6	6	6	2	8	6	10	8	50	6.25	中檔
6	絲帶綠	6	6	8	2	8	5	10	7	52	6.5	中檔
7	黃楊綠	7	6	6	10	10	8	10	10	69	8.38	中高檔
8	翠綠	9	9	9	10	10	10	9	10	76	9.5	特高檔
9	豔綠（帝王綠）	10	9	9	10	10	10	10	10	78	9.75	特高檔

備註

❶ 蛤蟆綠為偏黃、偏灰並偏黑的一種綠。

❷ 油青又稱“油浸”，是偏藍、偏灰的一種色調，在此將其歸在綠色系列中。

❸ 表中只列出了綠色系列的9種顏色特徵的手鐲評價結果，還有幾種綠色在此未作評價。

❹ 表中各項指標得分數，是根據翡翠綠色的不同特徵，按表4的規定給出的。

050 在什麼情況下，人眼對翡翠顏色的感覺會不同？

很多消費者都有這樣的經歷和感受：在購物的環境中，自己所選的翡翠飾品顏色是多麼美觀，多麼潤澤，但怎麼購買後自己使用飾品時，當時的感覺就減少了許多了呢？

這實際上並不奇怪，翡翠，尤其是高檔翡翠，是半透明或透明度較好的物品，它與其他寶石、其他物品一樣，其本來的顏色在不同的光源、不同的光源強度、不同的照明條件和環境下，給人眼的感覺是有差異的，況且因兩件翡翠的內部結構不同（疏密程度及不同的內含物等），即便是相同的顏色，在光的某種照射方式下，人眼看起來所得到的感覺也是會不同的。

對於翡翠飾品顏色的變幻，傳統的翡翠界有“通液”和“察液”之說。所謂“通液”，就是翡翠的顏色平放著觀看，不美麗不醒目，但拿起來對著燈光（或自然光）照射，則翠綠醒目，相當美觀。翡翠界對於這種翡翠的評價並不高，其價值也較低；相反，另有一種翡翠的顏色，拿起來時用光照射，翠綠色被光沖散，不很美觀，若將其平放著觀看，則綠得可愛，很美麗，這就叫“察液”。翡翠商界對這樣的翡翠評價很高，其價格也很貴。

“通液”和“查液”的說法，主要是對翡綠色的中高檔翡翠而言。對於其他顏色的翡翠，雖然也有“通

液”、“察液”的現象，但不太明顯，因此也就不被人們所注意。另外，消費者在選購一件翡翠飾品時，對其顏色、透明度的觀察、感覺，不但要在購物環境中進行，更應在自然光下觀察和感覺，以避免因光照條件、環境的不同產生較大的視覺誤差而後悔莫及。

051 怎樣衡量翡翠透明度的優劣？

在翡翠商業界，人們習慣將翡翠的透明度稱“水”或“水頭”。透明度與玉石的“光澤”有一定聯繫，在國家標準中，將珠寶玉石的光澤分為金屬光澤、半金屬光澤、金剛光澤、玻璃光澤、蠟狀光澤、油脂光澤等，有鑒於此，雲南省地方標準《翡翠飾品分級》將翡翠的透明度分為5個級別。

翡翠的透明度好，俗稱“水好”或“水足”；透明度差的翡翠俗稱“水乾”或“水不足”。對於其他品質指標（如種、色、工等）相同或相近的翡翠來說，透明度愈好，則品質品級愈高，其價值也愈高。在翡翠商業界，透明度是以光線（陽光或手電筒的光線）在玉料中能穿透的深度來衡量的，“二分水”，指陽光在玉料中能透入的深度是二分，約為6毫米；“一分水”，即陽光在玉料中能透入的深度是一分，約為3毫米。商界也常以物作比喻，把半透明以上的翡翠稱為“玻璃水”，把近乎半透明的翡翠稱為“糯化水”，把微透明或不透明的翡翠稱為“水乾”或“水差”。

在實踐中,珠寶科技工作者將翡翠的透明度劃分為以下5類:

（1）透明：（透過翡翠飾品）可以較清晰地看到其背面物休的圖像，中午的陽光能透進10毫米以上者為透明。透明的翡翠多為中高檔至高級商品，如部分玻璃底的老坑玉（老坑玻璃種）等，純淨緻密的無色或白色翡翠，也常常具有透明的特徵。

（2）較透明：（透過翡翠飾品）隱約可見到其背面物體的圖像，中午的陽光能透進6～10毫米者為較透明。較透明的翡翠有高檔品，也有中高檔品。如部分老坑玻璃種翡翠，但較多的是中高檔品種如藍花冰、透水白及蛋清底的翡翠等。

（3）半透明：不能透過翡翠飾品看其背面物體的圖像，中午的陽光能透進3～6毫米者為半透明。其特徵是在透射光之下觀察，可發現翡翠內部構造不均勻，或有混濁感。半透明的翡翠常為中檔品，如具有藕粉底的翡翠，但高檔翡翠的透明度也有在這個檔次中的。

（4）微透明：翡翠飾品只能微弱地透入中午的陽光，透光深度約為1～3毫米。微透明的翡翠若種、色不好，只能算中低檔次；但若顏色好，則可以算為中檔或中檔略高的商品，如白底青翡翠等。瓷底的翡翠多具微透明的特徵，綠濃質粗的翡翠如鐵龍生、廣片、乾青種（近稱鈉鉻輝石）等，也常在此列。

（5）不透明：（光線完全不能透入者），俗稱“水差”，如“乾白底”、“糙白底”一類翡翠，完全不能透入光線。不透明的翡翠多為低檔品，一般不用其製作飾品，但有用來雕刻擺件作為工藝品的。

另一種衡量透明度的方法是：優質的翡翠通常應晶瑩通透，使用聚光手電筒照射時，透光深度達三分水（6～9毫米），這樣的翡翠為優；達二分水（4～6毫米）的為良；一分水（3毫米）左右的為中；透光深度大於1毫米小於3毫米的為一般，等於1毫米或小於1毫米的為差，即俗稱“水差”。若是憑直觀的視覺來衡量，則通透潤澤，晶瑩明亮，翡翠玉件中的顏色濃淡均勻，清澈自然者為透明度好；反之，若看上去暗淡混濁、呆板凝重、缺少靈氣，則透明度差。

052 識別翡翠的“地張”有何意義？

“地張”又稱“底”，或“底子”，在種、水、色、底等評定翡翠品質的指標中，最讓人感到模糊但又迴避不了的概念就是“底”了。因為論玉必論“底”，談翡翠也必談“底”。對於底的解釋，在翡翠界和以往的珠寶書籍、書刊中有過多種不同的解釋，具有一定代表性的觀點，有以下三種：

（1）一件翡翠飾品，很少有滿綠或滿色的底，就是翡翠玉料中無色的部分——這是翡翠商界對“底”的最傳統的解釋。

（2）整個翡翠飾品的外表面，就是翡翠的底。若將一件翡翠製品比作一件書畫作品，則整張紙就是書畫作品的底（這張紙可比作翡翠飾品的外表面），而玉料上的顏色就是紙（底）上著了墨彩的部分。當然，著墨彩的部分與空白無色部分必須有機組合，形成一個協調的整體，這幅作品才算好的作品、才具有較高的價值。這是對翡翠的“底”所作的帶有藝術性、形象性，但卻是有點牽強附會的解釋。

（3）“地張”或“底子”就是質地，質地是指翡翠本身除顏色以外的其他性質。這種觀點在傳統玉石界有一定的代表性，如軟玉、壽山石、青田石等玉石的“底”就是這樣解釋的。但仔細一想，卻與翡翠界中所指的“底”的概念不相符——首先，既然“底”不包括顏色，那麼流行於翡翠界的“紫花底”、“豆青底”等等名詞，又將作如何解釋呢？其次，翡翠界中所稱的“質地”，是指硬玉的結構與構造，即“種”的概念。所以“地張”並不是質地。

筆者認為，以上三種對翡翠“地張”——“底”的解釋都不確切。評價翡翠價值時最注重的是綠色，對於翡翠而言，綠色的載體即為“底”（除綠色以外的所有物質的總和就是“底”——包括其他顏色）。

“底”主要指玉質（礦物組織結構）細膩的程度、玉件的透明度、裂綹、雜質（純淨度）的狀況，同時也兼含了色調和顏色的分佈特徵。總而言之，“底”是翡翠種、水、色、淨度的綜合體現；“底”既是人眼對翡翠外表和內部的一個直觀感覺，又是一項綜合評定翡翠品質的指標，它更多的是作為一項觀賞性、審美性的評價指標。離開了礦物的結構與構造（種）、離開了透明度（水），不考慮顏色的種類和顏色的分佈特徵，我們就解釋不了以往翡翠界對“底”的界定和描述。在觀察和理解“底”有三點值得我們注意：

翠（綠色）以外的其他顏色——底色。

當翡翠無色時，此時“底”為種、水、淨度、裂綹的綜合體現。

當翡翠為滿綠或滿色（橙、黃、黑等）時，顏色與底子融為一體，此時“底”即為種、水、色、淨度和裂綹的綜合體現。

評價一件翡翠成品或半成品“地張”的優劣，主要著眼於：

首先，看翠與種、水之間相互映襯的效應。這個效應包括三者之間互補或不補，甚至互相制約的效應，以及玉件外表的光澤特徵。

其次，看翠和翠以外部分，即與整個基底的協調程度。

第三，看翡翠的淨度。翡翠玉件的裂綹、白棉、黑斑、灰絲、冰渣等瑕疵越少，則“地張”可能越好。

綜合以上三項評價原則可知：“底”以質地堅實、透明度高、光澤柔潤、潔淨無雜質的硬玉結晶集合體為好。底潔淨細潤的翡翠玉料經過加工之後，表面非常光滑，在光的照射下光澤熠熠，充分反映出翡翠的神韻和靈氣，在翡翠界稱這種現象為“寶氣足”。只有底潔淨細潤，光芒四射，才能陪襯出翡翠的高雅富麗，給人以碧綠欲滴，靜若秋水或如火如荼的感受，翡翠界稱這類感覺為“放晴”。“底”的優劣直接關係到翡翠玉件的加工品質，影響到翡翠玉件的品質品級和商業價值。所以，正確識別和評定翡翠的“底”，具有重要的美學和商業意義。

具有玻璃般光澤及透明度的底稱為“玻璃底”，其透光深度約為9毫米；在光照下細膩潤澤、柔和宜人的底稱“糯化底”或“芙蓉底”，其透光深度約為6毫米；清澈明亮的底稱“冰底”或“水底”，其透光深度通常在6～9毫米間；質地如同蛋清，但稍顯混濁的底稱“蛋清底”，其透光深度在3～5毫米之間……這些都是優質翡翠的底。劣質翡翠的底看上去粗糙、暗淡、雜質多；缺乏生氣和靈性，如石灰底、岩石底等。翡翠中常見的底有玻璃底、蛋清底、糯化底、米湯底、青水底、灰水底、紫水底、渾水底、細白底、白沙底、灰沙底、豆青底 、紫花底、青花底、白花底、瓷底、白底 、糙白底、粗灰底及褐黑底等。

“種”和“底”是兩個非常容易混為一談的概念，“種”的內涵是礦物結晶體粒度的大小、硬玉纖維結構的粗細和構造的疏密；“底”則是種水色等特徵的有機結合和綜合反映；識別“種”注重的是對翡翠內部構造的微觀指標，觀察“底”則強調的是翡翠的有關指標綜合而形成的一個外在的、宏觀的、整體的感覺。所以，二者既有聯繫，又有區別。

“種”差則“底”差，但“種”好“底”卻不一定好，只有種水俱好，才能有好底子，只有種水色和色的均勻度俱佳，才會出現很好的底子，這是我們對翡翠的品質進行長期觀察，思考後做出的總結。

由於歷史的、文化的、商業習慣等原因的影響，在玉石評價過程中，對同一個名詞，同一項指標，不同的地區，不同的書刊中常常會有不同的解釋；即使在同一地區，同一個名詞在不同的玉石中含義也不盡相同，如對軟玉、壽山石、雞血石的“底子”的解釋就與翡翠的“底”的概念不盡相同。玉石界有些名詞術語的混亂造成了概念的模糊，使人們感到無所適從，也不利於科技、科普工作的開展。如果對流行在玉石行業中的名詞術語以技術標準的形式，做出科學、準確、簡潔的定義或規定，則對珠寶科技進步和商業發展，對消費者認知和接受寶玉石商品，都將產生積極作用。

底與色協調的翡翠（騰沖）

053 什麼叫“霧”、“紅皮”、“椿”？

在翡翠飾品交易和評價翡翠品質的時候，我們常常會聽到諸如“霧”、“紅皮”和“椿”等一類名詞。

觀察翡翠原石時，有時可發現在翡翠的玉內與砂殼間，有層環包的內皮層，翡翠商人稱其為“霧”。這裏所說的“霧”，其實是原石全風化的表皮與未風化的玉肉之間的半風化過渡帶。“霧”的顏色既不同於表皮，也不同於玉肉，“霧”有“白霧”、“黃霧”、“紅霧”和“黑霧”等多種顏色。白色、黃色的“霧”最好，紅“霧”次之，黑“霧”最差。

翡翠中的紅色有生於玉肉中，也有生於皮內或皮外的，生於內皮“霧”中的稱為“紅皮”，也稱“紅翡”，在首飾設計和製作時，玉雕師利用“紅皮”俏色來做成全翡的紅玉鐲，或與白色、黑色相配合做成劉（白）、關（紅）、張（黑）玉鐲，也常利用紅皮來做成“靈猴獻桃”，“福壽如意”等翠中有翡（綠裏有紅）的掛件，深受一些消費者的喜愛和歡迎。

凡生於翡翠玉肉中的紫色在翡翠界被稱為“椿”，也稱“紫羅蘭”，紫色多因礦物中含有微量的鉻（Cr^{3+}）、鐵（Fe^{3+}）、鈷（$Co3^{3+}$）等元素所致；而人工染色的“紫羅蘭”，一般是由錳離子（Mn^{2+}）所致。“紫羅蘭”是翡翠中的一個較好的品種，深受人們尤其是青年女性的喜愛，濃紫而水頭好，或淺綠中兼有淡淡的紫色，水頭好的翡翠手鐲，在市場上很走俏，具有較高的觀賞和使用價值。

054 什麼叫“髒色”、“石花”？

“髒色”在珠寶界多指視覺效果差，與整體顏色明顯不協調的，不純正的顏色；也包括影響玉件美觀程度的黑點、黃斑一類瑕疵。在玉石行業，評價一塊玉的品質優劣和品級高低，基本的要求之一是，玉料的顏色純正鮮豔，或者說色正、色純、色濃。因為色正才美觀，色濃才醒目、鮮豔，色純無瑕才和諧。“髒色”不但不能作俏色使用提高價值，反而會大大降低玉件的品質和價值，所以在選料時，玉雕工藝師會儘量避開原料上的髒點，或在可能的情況下，先將髒色鑽除，然後才進行加工。

在翡翠飾品中常有透明度稍差的小團塊與纖維狀晶體交織在一起的、形狀各異的物質，在翡翠界人們稱其為“石花”，較常見的“石花”有下述幾種類型。

看上去比較乾巴死板的稱“石腦”；比較零散細碎的叫“蘆花”；狀似棉絮的叫“棉花”；淺白色與藍綠色混在一起的稱“松花”。

在翡翠玉件中，石花的存在對玉器的透明度和美觀程度都不利，且易對綠色和整件玉器產生不良的影響，從而使翡翠玉器的價值明顯下降。如一只石花較多的翡翠玉件，比一隻質地、品種相似，但透明無瑕的翡翠玉件，售價要低一半左右。

055 怎樣正確應用燈光察看翡翠飾品的品質？

在燈光下觀察玉件，有好的一面，也有不利的一面。

有利的是：在燈光下，尤其是手拿玉件對著燈光察看時，對玉件上的毛病如大小裂紋、石紋（玉紋）、髒點、石花等等，都能看得很清楚，不至於使你買回一隻自己不如意的飾品（當然，有裂紋、有瑕疵是常有的事）。如果在沒有照明燈光的場合購玉件，最好用聚光電筒照一照，以免看不清內部的狀況。

不利的是：在燈光下看玉會產生錯覺或擴大感覺，即會把玉看得很美，會提高玉的檔次。具體地説，燈光可以提高玉的光澤和通透程度，會使某些一般的顏色看起來很可愛。例如，在燈光的照射下，本來較淡的紫羅蘭翡翠飾品，看上去淡紫會變得較濃，本來較濃的紫色會紫得更加宜人。若將同一件玉器在自然光或陽光下看，又會有不同感覺，有的甚至會使你大失所望。這樣的現象對於帶有綠色的翡翠來説，也是如此。

當消費者在購買翡翠玉件

時，可以充分運用燈光下便於發現毛病和自然光下看物真實的特點，既在燈下察看裂紋、黑點等瑕疵，又在自然光下觀察顏色、潤澤程度等特徵。同時運用燈光和自然光，就能避免失誤，做出準確的判斷。

珠寶商界有句行話："十寶九裂"，對於玉石來說，也基本如此，完美得很的玉件是極少的。對於在燈光下才能發現的裂紋、石紋、白棉等內部的弱點，只要在自然光下，憑肉眼看不出來，便不必在意或計較。

056 怎樣評價翡翠飾品的淨度和完美度？

淨度和完美度並不是一個概念，淨度是翡翠的純淨、純潔程度，是翡翠在億萬年的地質活動中形成的，即由自然力所致；完善度是人的因素所導致的，指在設計製作玉件過程中，對有關聯要求的飾品要做到平衡、對稱、協調、配套、用料要合理得當，構圖應完整無缺。

另外，對於作為首飾使用的玉件來説，完美度還是包括玉件應有一個好的包裝。

中國人對美玉或完好人格的讚揚常會用碧玉無瑕這個詞來表達，對翡翠或其他寶玉石淨度的評價，是以有無瑕疵為著眼點而進行的。瑕，是玉石上、玉石中的斑點；疵是毛病。瑕疵，在此可通俗地理解為翡翠玉件中的雜質、毛病和缺點，包括裂綹、黑點黑斑、白棉、癬跡、雲霧等等。應該指出，黃金沒有足赤，美玉難見無瑕，對於玉的淨度，沒有必要過分挑剔，對其評價的標準，不能像評價鑽石淨度那樣嚴格。

翡翠胸花（昆百大珠寶提供）

對翡翠中瑕疵的評價，可將其分為無瑕、微微瑕、微瑕、輕瑕、重瑕5個級別。具體評價的規定可見下表：

翡翠瑕疵評價表

級別	評價	特徵説明
1	無瑕	在10倍放大鏡下看不到裂紋、黑點、石紋、棉雜質等。在不顯眼處偶有個別白棉、黑點
2	微微瑕	在10倍放大鏡下可見到微小裂紋、黑點、石紋、石花雜質等。
3	微瑕	在10倍放大鏡下可見少量雜質、黑斑、裂紋、石花雜等。
4	輕瑕	憑肉眼仔細觀察，可見雜質、黑斑、裂紋、石花雜質等。
5	重瑕	憑肉眼明顯可見雜質、黑斑、裂紋、石紋、石花雜質等。

翡翠飾品是特殊的商品，既是物質產品，又是精神產品，上好的翡翠玉件，不但要色種、水、底、工藝指標好，還必須具有合格的完美度，對完美度的要求主要是關聯要求，如耳環耳釘、龍鳳牌、雙喜牌、蝴蝶的雙翅、男女結婚戒指戒面等，應成雙配套，大小一致或大小協調；而鑲嵌胸花、鑲嵌別針等，應該成套。在珠寶市場中，有成雙配套功能要求的裝飾品，其價格一般高於單件價格的25%～40%左右。

對完美度，主要是進行定性評價，評價標準也很簡單：有關聯要求飾品，能滿足成雙配套對稱協調功效的，即為合格；反之，則不合格。對於無關聯的要求飾品，其用料合理，圖形圖案構成完整，表達清楚，即為合格；反之，用料不合理，飾品中有掉塊、缺角、圖形不完整等缺憾的，判定為不合格。

翡翠蝴蝶：蝴蝶的雙翅、雙足、雙須製作很完美（據《寶石和寶石學》雜誌2005/1期 新加坡　曾春光提供）

057 為什麼處理翡翠其價值遠低於天然翡翠？

在市場中購買翡翠，我們常常看到翡翠飾品的標籤標識上標有“翡翠（處理）”等字樣，翡翠（處理）一般有兩種情況：酸洗漂白後的注膠處理（B貨）、染色處理（C貨），但有時可能是注膠和染色（B+C貨），兼而有之。

在B翡翠的製作工藝中，首先，由於化學反應損傷了翡翠的組織結構，造成了翡翠的強度和耐久性大大降低，且這樣的損傷是不可逆轉的，經漂白後的翡翠有的非常脆弱，注膠前，有時僅用指壓就可以將其損壞。第二，漂白後的翡翠在注膠之前，必須將其浸入鹼性溶液裏，以中和留在翡翠組織內部的酸，這一中和過程無論做得多麼認真細緻，都不可能完全去除翡翠內部酸的殘液，中和的結果是：剩餘的酸殘留於翡翠之中，翡翠內部環境呈弱酸性；或者是多餘的城液殘留在翡翠之中，翡翠內部呈弱鹼性。這些弱酸或弱鹼會隨時間的延伸而發生一定的變化，從而影響翡翠的品質。第三，在完成了第一、第二步驟的工藝後，要在高壓條件下將高分子聚合物（膠液）強行滲入翡翠的裂紋和組織的間隙中（因膠液填充了翡翠組織的空隙，使翡翠的透明度得到了改善，翡翠的強度得到了增強），但翡翠內部的膠液會慢慢變老化，變黃、變暗，如果受熱、受強光照射，則在較短的時間內就會變得面目不佳。

自然界中的翡翠以淺灰白色、白色最多，而以綠色，尤其是高檔綠色最為稀少和珍貴。C翡翠就是進行了不正當地加工，將白色、淺灰、白色翡翠染製成了有色的翡翠。染色方法較多，但無論是用什麼方法染成的翡翠，在光照，尤其是在強光照射下都會褪色，而天然翡翠的顏色則不會隨時間的改變發生變化。

從以上翡翠的處理過程中我們不難發現：

（1）處理翡翠的原料本身就有瑕疵或屬於低檔貨，沒有多高的價值。

（2）酸洗後，翡翠的結構遭到了破壞，其強度及耐久性受到了影響。

（3）漂白注膠，染色處理屬於人工行為，有明顯“人為”的成分，即使較大程度地改善了外觀，但也使人們在心理上感到不自然、不自在或難以接受。

（4）經處理後的翡翠會逐漸變質變色，無耐用性和保存價值，更談不上升值的可能性。

與處理過的翡翠相比，天然翡翠具有真實性、穩定性、耐用性和保存價值。其質地是純天然的，是真的，其組織內部不會老化變質，其顏色可經久不變，其光澤和晶瑩程度還可隨佩戴時間的久遠而有所改善。所以，對於外觀、色澤和大小相近的同類翡翠玉件，經處理過的翡翠，其價值，必定遠低於天然翡翠。

058 翡翠飾品會越戴越美觀嗎？

文物或某些藝術品年代越久遠，其價值越高，受此觀念影響，一些消費者認為翡翠手鐲、掛件等飾品使用時間越久越美觀，甚至認為綠色的翡翠其顏色會越戴越綠，果真如此嗎？

答案不是絕對的，對於未經過人工處理（注膠或染色）的天然中高檔翡翠，由於其質地細膩，透明度好、硬度大且化學性質穩定，具有良好的加工和拋光性能，所以有較高的觀賞價值和經濟價值。我們知道，在一般環境和空氣中，常佈滿塵埃，這些塵埃不可避免地會落到所戴的翡翠飾品上，而這些塵埃中有一部分是硬度較大的沙粒，當人們有意無意地擦去玉器上的灰塵，或勤於保養飾品，經常擦去翡翠表面的灰塵，就會對翡翠飾品表面產生摩擦，摩擦的次數越多，時間越長，則翡翠越顯光亮和潤澤，飾品中的綠色因翡翠飾品越來越光亮，而看起來顯得比以前還綠，這是可能的，但如果飾品本來就沒有綠色或綠色很少，即便是佩戴的時間再長，擦拭的年代再久，也不可能產生綠色或使少許的綠色變為大片的綠色。

天然翡翠越戴光澤越好

對於經酸洗漂白後注膠的翡翠（B貨），因使用時間越長，其內部的膠（如環氧樹脂）老化的程度越嚴重，所以翡翠B貨不是越用越美觀，而是越用越難看。若在高溫或強光的環境中使用，則會加快老化的速度。至於人工致色的翡翠C貨，其顏色會隨著使用年代的延長面褪化、淡化或擴散，或顏色的色調發生改變，如當初的翠綠色可能變為暗綠色等等。

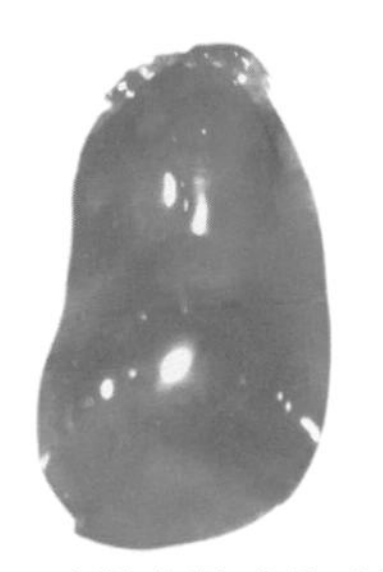
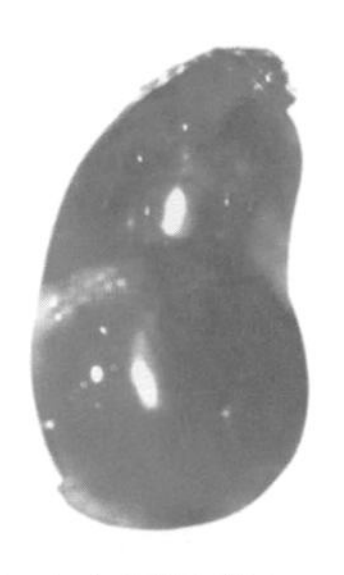
通靈翡翠（昆明龍氏珠寶提供）

天然翡翠飾品越用越美，經過人工處理的注膠或染色的翡翠飾品其內部品質和外觀品質會不斷地老化、變化而越來越醜，這是不爭的事實。

 “黃金有價玉無價”嗎？

通常，只要是產品或商品，特別是在市場中流動的商品，都是有價的，這是一個常識性的概念。黃金及其他貴金屬飾品，只要知道其重量和純度，例如金戒指重幾克，是24K還是18K等，其價格基數就已經知道，該首飾作為一件商品的價值，也就不難定出。而寶玉石，特別是翡翠飾品，作為一種特殊的商品，要準確地定出它的價值，就不那麼簡單了。玉石到底有沒有價？歸納起來有兩種不同的觀點：

第一種觀點是，黃金有價玉無價，在市場中只有對玉的需求而沒法對玉定價——這是千百年來在中國玉石界，特別是在玉石商業界一直傳延，甚至盛行不衰的定理似的觀點。持這種觀點的人們認為，珠寶玉石，特別是翡翠的品質，例如它的質地、顏色、光澤、透明度、形狀、大小等指標千差萬別，不可能用一個固定的模式來衡量其檔次的高低，對於翡翠飾品或玉雕工藝品來說即便是同樣的玉料，如果兩件飾品的設計水準、製作工藝及對飾品所賦予的文化內涵因素不同，則二者的價格會有很大的差異。所以說我們常常無法評估出某件玉器的真正價值和價格；寶玉石價格的決定因素既有其自身的品質因素，又有社會因素。社會因素是指寶玉石的供求關係、民族愛好、文化素養、生活習性、審美情趣、社會的消費習慣與消費水準，珠寶玉石的文物價值等對珠寶玉石的價格產生影響，這些因素中的任何一項發生改變，都會影響到珠寶玉石的價格，因而對珠寶玉石的定價沒有標準，最多只能有一個原則。具體說來就是由經營者定價，購買者喜愛、願意花錢就行，這個價格就可以認為是合理的。再說，人所共知的“和氏璧”，當時秦王曾願用十五座城池來換取此玉，而趙國卻不肯答應，正所謂“連城不可易，世人為之驚”！這是一個“玉無價”的最典型的例子和最好的説明。

第二種觀點認為，珠寶玉石極少數無價，但絕大多數應該有價，也能夠定值在一個較為合理的價格範圍內。極少數無價，是因其具有特殊的歷史、政治、人文、工藝等背景或非同一般的傳奇經歷，如我國歷史上戰國時期的“和氏璧”，東漢末年，三國時期的“傳國玉璽”（應説明“和氏璧”與“傳國玉璽”之間沒有什麼直接的聯繫），清代乾隆皇帝的寶印“田黃石三連章”，法國國王路易十五王冠上的藍色鑽石和祖母綠等，屬無價之寶，人們確實難以準確定出它們的價值；絕大多數有價，是因為絕大多數的寶玉石並無特殊背景和傳奇經歷，更重要的理由是，寶玉石也是物質，也是產品和商品，也同樣具有產品和商品的基本屬性。儘管它們的形態各異，變化無窮，但對其品質優劣的評價是有指標可依、有規律可循的，雖然我們不能對其價格做出精確的界定，但根據其品級、檔次的不同，是可以定出一個價格範圍值的，不能因極少數寶玉石的無價，而將所有的寶玉石籠地説成無價。再説，那些一味強調“玉無價”的人們，恰恰是最瞭解，最看得準寶玉價格的人，他們都是看貨、談價和進貨成交的能手或高手，他們決不會把低品質的寶玉石當成高價寶玉購進；還有，既然玉石無價，那成立專門機構、對玉的價值進行評估又怎麼解釋？實際上，在目前的市場中，天然翡翠與處理翡翠的價格，如“巴山玉”的價格與“藍花冰品種”或“老坑種”的價格就有著巨大的差別，油清種翡翠與芙蓉種翡翠的價格就完全不同，這樣的例子不勝枚舉。這不是“玉有價”的具體體現嗎？

第二種觀點還認為，社會的科技水準、文明程度不發達，人們對珠寶玉石的認識就很模糊，很神秘，珠寶玉石就常常顯得無價；社會的科技水準、文明程度不斷進步，珠寶玉石的本來面目就容易為大多數人所瞭解，其品質就能定得出一個普遍認可的衡量標準，因而就能從“無價”逐漸過渡到“有價”，珠寶玉石的貿易就能逐漸走向規範，有序和成熟。當然，這需要經歷一個較長的歷史時期。“玉無價”觀點的絕對化，是目前珠寶市場難以規範管理，價格混亂的重要原因之一，是極少數人以次充好行為猖獗的溫床。從發展的眼光看，片面強調“玉無價”，不利於珠寶玉石這一產業的興旺發達。珠寶玉石有別於衣食住行，並不是人們離之便不能生存的東西，如果一味地強調“無價”，過於神秘，相當一部分消費者就會始終懷有一種怕被坑蒙的心態。對珠寶敬而遠之，從一定程度上制約了人們的消費欲望，從而也就制約了這一產業的發展。其實，“玉無價”是一把雙刃劍，既會傷害消費者，也會傷害商家的利益。因為，“無價”可以作正面的理解，也可以作反面的理解。目前，珠寶界有一些具有現代意識的商家，在做生意的過程中注重品質、明碼標價，不漫天要價，也不隨意“爛價”，合理論價，樹立了良好的風尚和形象，使自己的生意興旺，不斷發展，達到了“做長久生意”賺取“陽光下的利潤”的目的和效果，這是有眼光、有見識的做法。

以上是關於珠寶玉石是否有價的兩種不同的觀點，兩種觀點各有道理，各有其客觀依據。

060 為什麼說珠寶行業應該注重標準意識？

漫步珠寶市場，特別是翡翠市場，不少消費者都有一個共同的感受，面對各種各樣的翡翠飾品，以前是難辨真假，現在是真假雖然可以辨明瞭，對其價格則經常弄不明白。你看，那300元買的手鐲與3000元成交的手鐲看上去沒有多少區別；幾千元甚至上萬元才能買一粒小小的戒面，一轉眼，幾百元甚至還能低，也可以買一粒戒面（應該說明，上萬元買的戒面與幾百元買的戒面，品質肯定是不同的）。價格低（高）的，它的品質到底差（好）在哪里？為什麼翡翠飾品的標價隨意性會這樣的大？對此人們的心中充滿了疑慮。有人因不懂得衡量翡翠飾品的品質，花大價錢買了一件品質很低的翡翠飾品，經鑒定後貨雖不假或名符其實，但價格明顯離譜，想討個說法吧，卻因一句簡單的“玉無價”而無可奈何，辦法只有一個，那就是有苦往肚裏吞，以後我不買就是了。

在科技水準不斷提高，技術裝備和檢測手段日益完善的今天，要鑒別珠寶玉石的真偽，已經不是很困難的事。經過處理，作過假的翡翠價值不高，這一點人們很明白，所以，極少數商人“宰客”的手段也早已改變，他們不做以假充真的蠢事，但卻常常玩弄以次充好的遊戲，把普通檔次，甚至是低檔次的玉的價格標成“天價”以求賣成很高的價，這樣做導致了兩種後果：❶少數有手段的商家獲得了暴利，消費者被坑蒙；❷對於消費者來說，無論是貨物的品質高還是低，標價是否離譜。一律猛殺價，造成了商家的困難。本來應該成交的生意卻難做成，使正常的經營活動受到不良的影響。

上述價格混亂的現象，干擾、影響了正常經營及消費活動，究其根源，在於我們沒有一套評價翡翠等寶石的品質等級標準，或有標準，但相關知識的普及遠遠不夠。在珠寶界，特別是玉石行業，在評價商品的品級高低、品質等級方面，人們雖然也總結出許多可貴的經驗，但至今尚未形成一套能在大的範圍內供人們共同使用、可操作性強的標準，目前，評價翡翠的價值，在一定程度上還具有較大的隨意性。所以，呼喚標準意識，注重各類標準的制定，尤其是品質分級標準的制定，是一件很有必要，很有意義的事。

以翡翠為例，在現有標準的基礎上，如果有了便於操作、更切合實際的品質分級標準，那麼，我們就能夠有效地抑制以次充好、亂標價、亂要價、亂殺價現象，從而達到進一步規範市場、繁榮市場的目的。如今在管理層的宣導和組織下，雲南省的翡翠專家花了大量的心血對翡翠的品質指標和價值進行了歸類、提煉和總結，制定了《翡翠分級》的雲南省地方標準。為評判翡翠商品的價值提供了技術依據。

目前，雲南省的珠寶市場比以往更加繁榮，來自四面八方的中外朋友大多數都放心在雲南購買翡翠，這和雲南的市場規範管理部門努力地宣傳貫徹標準，和雲南省的廣大珠寶商認真地、有的可以說是模範地執行國家珠寶玉石方面的標準，有很大關係。

061 怎樣評估翡翠原石的品質等級和價值？

翡翠原石的表面常覆有一層厚度不一，顏色不同（常呈淡黃、褐黃、黃、褐黑色）的外皮，俗稱玉璞，使人們無法直接觀察到其內部的顏色分佈，粒度大小，結構疏密，透明度優劣等品質狀況。因此，在非正規的翡翠交易中，也就是翡翠界所說的“賭石”交易中，常會遇到各種各樣的以次充好，以假充真，偽裝偽造的現象。寶玉石行家們雖積累了不少識別、判斷翡翠原石的經驗，但也沒有較大的把握鑒別翡翠原石的真偽，因為判定品質檔次高低的最有效、最可靠的辦法是切開觀察、鑒定和評價。目前，在緬甸仰光寶石交易會上拍賣的翡翠原石，均必須切開，或一分為二，或切為片料，切面磨平拋光，任憑商家或選購者看個明白，作出鑒定和評估。

翡翠原石（帝王玉·昆明中如珠寶）

翡翠原石品質分級的主要技術指標是顏色、粒度、結構、透明度和裂紋。在緬甸，由緬甸國家寶石公司根據這幾個技術指標將翡翠原石的品質分為帝王玉、商業玉和普通玉三大類，其中普通玉又分為三個級別。翡翠原石分類、分級的情況詳見下表。

在表中，由於是對原石的品質分類、分級，因此與成品的品質分級相比較，顯得比較粗一些，但原石不同於成品，雖然經過了切開或切片但仍然存在未知因素，因此不便於或不可能分得很細。對於以上分級，也基本得到了翡翠商業界的認同。帝王玉、商業玉和普通玉的名稱，僅限於民間語言或翡翠原石的商業語言。另外，上述三類玉的價格，是由緬方在正式交易中所報出，在民間交易或直接到出產地購買商業玉、普通玉，價格會有所降低。

緬甸仰光寶石交易會翡翠原石質量分類分級表

類別	名稱	級別	顏色	透明度	粒度、結構	裂紋
I	帝王玉	高級	翠綠、正綠	透明—半透明	粒度非常細小，結構均勻緻密。	無
II	商業玉	中級	黃綠、藍綠紫紅、橙紅等	透明—半透明	粒度細小，為粒柱狀變晶結構或交織狀結構。	無
III	普通玉	普1	淡藍色、微綠	半透明	粒度較小，呈粒柱狀變晶結構。	無
		普2	淡藍、淡青油青、墨綠	半透明—微透明	粒度較粗，肉眼可見粒柱狀變晶結構。	無或減少
		普3	白、灰白、灰	微透明—不透明	粒度粗，肉眼明顯可見粒柱狀變晶結構。	無或減少

帝王玉：屬於特高檔、高檔翡翠，如老坑玻璃種翡翠，其顏色翠綠純正，濃豔均勻，透明度佳，粒度極細小（微細粒），在10倍放大鏡下看不到或很難發現硬玉晶粒，結構均勻緻密。帝王玉未見單獨產出，一般呈脈分佈于翡翠的原石中，多分佈於商業玉中，產量不大，在許多翡翠場口中不出產，僅在少數出產地（場口）出產，產出最多時也不足該場口年採礦總量的5%。因此，價格昂貴，市場中以克拉（ct）計價，緬方的標價為300～900美元/克拉，其市場價格是商業玉、普通玉的萬倍以上。

商業玉：屬中高檔、中檔翡翠，如紫羅蘭、藍花冰、紅翡等品種。其顏色為黃綠、藍綠、紫、紅、橙等多種色調。顏色濃淡不勻，透明度一般，半透明者居多，有的透明度佳，但顏色很淡甚至無色，粒度細小，在10倍放大鏡下容易發現硬玉晶粒，結構較為緻密。商業玉在翡翠中佔有較大比例，約為翡翠年開採量的20%～30%，主要用來製作中檔、中高檔的飾品，如手鐲、掛件、胸墜及較為貴重的工藝品等。價格較適中，市場中以千克（kg）計價，緬方標價為40美元/千克（平均價格）。

普通玉：屬中低檔、低檔翡翠，如油青種、馬牙種、粗豆種等翡翠。一般呈白、油青、淡藍、灰白等顏色，透明度較差或差，粒度粗糙，憑肉眼可見或可明顯見到硬玉晶粒，結構疏鬆，常有裂紋或少許裂紋。其產量占翡翠總開採量的60%～70%，是玉雕工藝品的重要原料之一，亦可用其製作低檔翡翠飾品。原石價格低廉，市場中原石以千克（kg）計價，緬方的標價5~25美元/千克。

062 怎樣對翡翠進行價值評估？

由於中國人長期以來受“玉無價”的習俗理念影響，因此可以想像，翡翠的價值評估是比較難的。相對於珠寶鑒定來說，對珠寶玉石做出價值評估，是一項較為敏感的事，它涉及到更深層次的問題。

通常，對評估玉器價值的評估師有幾方面的基本要求：第一，應該能對玉石的品種、真偽做出準確無誤的鑒別；第二，必須熟知製作玉器的原料的品質品級；第三，必須熟知內外市場中玉器的價格行情，由此根據原材料的品質品級的高低，初定出玉器的基本價值；第四，能夠正確判斷玉器的設計水準、用料水準和工藝製造水準，以及設計、加工所需的費用；第五，必須熟知歷史文化尤其是玉石文化，熟知玉器的演變，發展的過程。對玉器的歷史價值、文化藝術價值、實用價值和保值增值的可能性做出一個較為準確的衡量。只有全面掌握、瞭解玉器的各個方面，才能對玉器的價值做出正確的評估。

評估的方式，就是由具有豐富經驗和學識水準的評估專家對玉器進行鄭重地、詳細地鑒定，通過認真描述、綜合評判，然後根據市場行情及變化規律，獨立而公正地進行研究，最後確定價值，並提出正式的評估報告。翡翠被稱為“玉石之王”，雖然它在中國使用，流行的年代遠不如軟玉等寶玉石那樣久遠，但評估時也須考慮其歷史價值和文物價值。在評估翡翠的價值時，常重點考慮如下因素：

（1）翡翠的品質品級。品質的優劣是衡量翡翠價值的首要因素，對於翡翠品質品級的衡量，我們在本書第43問中已經作了詳細地?述。即應該從翡翠的質地、顏色、透明度、地張、淨度、工藝、重量（品質）和完美度八個方面，對翡翠的品質品級做出評定，作為價值評估的基礎。

（2）**稀有性**。包括不可再生性，惟一性或是獨一無二性。物以稀為貴，世上美玉很多，但有些品種的美玉價值並不高，就是因其產地很多、產量很大的緣故。商品級的翡翠僅只有緬甸出產，高檔寶石級的翡翠則是十分稀有、可遇而不可求的，其價值自然會很高。

（3）**保值性**。中高檔的翡翠便具備了保值的可能，珍貴珠寶的價值可以說是永恆的，它不會因社會經濟的變化而貶值。具有保值性的珠寶，是因為其具有穩定的化學性質和物理性質，在自然條件下，不會因為時間的推延、季節的變化而發生退化、變質，其顏色和光澤永遠新美如初，所以具有保值性。

（4）**增值性**。高檔、特高檔的翡翠，或具有特殊的人文背景因素的珠寶，便具有增值性。1994年10月31日，在香港太古嘉士德秋季拍賣會上，一條翡翠珠子項鏈超過起價的一倍，以3300多萬港元成交。這條項鏈是由27粒晶瑩剔透、翠綠欲滴的翡翠珠子組成，並襯以一枚“卡地亞”設計的紅寶石扣（配有鑽石），是世界上獨一無二的；而且，這條項鏈為已故的Barbara Hutton 公主及Nini Mdivani公主收藏過，就因為這一特殊的人文因素，這條項鏈在1988年就以220萬美元（1700萬港元）出售過。這條項鏈的價值是集材料品質、設計、工藝和特殊歷史背景為一體的綜合價格。因而它不但具有保值性，還具有增值性。

（5）**藝術性**。翡翠玉器既是物質產品，更是精神產品，因為在玉石之中傾注了人的思維、精神、靈性及至心血。翡翠玉器在構思、風格、題材、做工等方面，屬於藝術的範疇。藝術是有價的，也是無價的，低檔的藝術，其做工之工時，便是其價值；高檔超凡的藝術，則難以估量。同樣的玉料，由不同的設計師來設計，其作品的價值會有很大差異；由不同的藝人，不同的工具或設備來製作，甚至同一藝人在不同的時間加工出的玉器，其成品的價值也會有很大差異。對藝術性的估價，要求評估師具備良好的藝術修養和綜合素質。

滿綠翡翠胸花

除了上述五個方面的因素對翡翠的價值有影響外，評估師的思維方式、審美情趣等主觀因素也直接影響著翡翠玉器的價值。另外，由於玉器所具有的價值特點，決定了不同玉器間的千差萬別和價值上的很大差異。

063 在拍賣市場中翡翠的行情怎樣？

翡翠飾品的拍賣，被世人稱為“金字塔尖上的買賣”，只有極少數具備雄厚的經濟實力，具備特有的商業頭腦和珠寶文化功底的人士或集團，才有可能進入這一特殊的行業。目前，在國內外知名度高的拍賣行有英國的蘇富比（Sotheby's）、佳士得、太古佳德、克利斯蒂，中國嘉德、太平洋等，其中蘇富比在世界上的知名度為最高。蘇富比、嘉德拍賣行，每年舉辦的珠寶翡翠拍賣，都突破了上億元的價值，並不斷創造著珠寶翡翠拍賣史上新記錄。

當前，躋身於富有階層的人越來越多，整個社會的消費水準也不停地向上提升。因此，將特級，高檔翡翠作為投資對象的人逐漸增多；另外，特級、高檔的翡翠資源越來越少，越來越難得到，由於收藏者的眾多和資源減少，造成了拍賣市場中翡翠行情的直線上漲。據有關資料介紹，與20世紀70年代相比，特級，高檔翡翠的價格漲了近3000倍；近10年來，種優、水好、質佳的高檔翡翠價格上漲了近千倍，由此引發的翡翠玉雕精品的拍賣，其勢頭可以說是節節攀升。從1978年至今，全國各地先後建立了100多家拍賣行，在北京、香港、臺灣、上海、昆明、廣州、深圳及海南等地，都有珠寶翡翠拍賣專場的成功記錄。在目前，以臺灣、香港等地的拍賣會品位領先。

拍賣行中翡翠成交的情況可舉出不少的例子：

1994年10月31日，佳士得秋季拍賣會上拍賣的一條翡翠項鏈以3302萬港元成交，超出了估價（成交底價）的一倍，創出了拍賣史上翡翠首飾價格的驚人紀錄。

1996年11月，在香港佳士得公司舉行的秋季拍賣會上，一條由79顆潤澤通透的翡翠珠子所組成的項鏈，以1762萬港元成交，又創造了翡翠高價拍賣的佳績。

1995年5月，一隻完美、滿綠的老坑玻璃種翡翠手鐲，也由香港佳士得舉行的拍賣會以1212萬港幣的價格，拍賣成交。

1996年，在中國嘉德春季拍賣珠寶玉石的主場中，一件清代翡翠蠶桑佩，起價95萬人民幣，最後以148萬人民幣的高價拍出。在這次拍賣會中，還有多件翡翠飾品以高價成交，在此不一一盡述。

1997年5月佳士得春季拍賣會上，一對碧綠欲滴、鑲有佩鑽的翡翠耳環，以1322萬港元拍賣成交，創出了翡翠耳環拍賣的最高價格；由蘇富比公司拍賣的一對晚清翡翠手鐲，底價800萬港元，成交價1232萬港元，另有翡翠觀音、翡翠戒指等多件飾品，均以較高的價格拍賣成功。在1997年11月佳士得拍賣會上，一串由27顆翡翠珠子組成的項鏈以7262萬港元成交，創下了翡翠的拍賣史上的世界紀錄。

在拍賣市場中，翡翠以高於常人想像的價格成交的例子還很多，用發展的眼光來看這一特殊的行業，可以說翡翠的拍賣價格肯定是堅挺的，特高檔、高檔翡翠是可遇不可求的。但消費者切莫據此就認為凡是翡翠，其價格都是看漲，縱觀幾十年來，市場中翡翠飾品的價格變化情況，有些翡翠飾品的價格不漲反跌，例如中、低檔的翡翠，由於緬甸翡翠礦區實行了機械化開採，目前市場上供過於求，因此價格在跌落。只要進行規範化經營，宣導正常的消費，推廣珠寶科普知識，隨著經濟的不斷發展，珠寶市場、翡翠行業就能全面走向繁榮和興旺。

欣賞篇

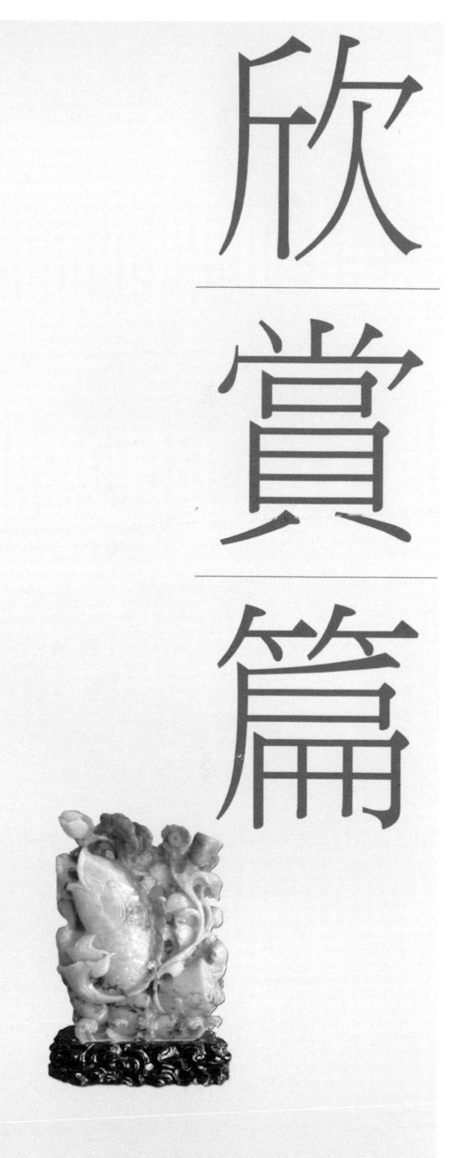

064 為什麼要強調提高對玉件的欣賞能力?

對翡翠的欣賞，不但是觀賞物質的美，同時還是去發現、去感受由物質這個載體所表達、所包含的精神文化、思想哲理等豐富的內涵。

對於每一個玉石愛好者，翡翠愛好者來說，能夠認識寶玉，區分寶玉——即鑒別玉器，這是基礎，是第一步。在識別的過程中，在認識以後，應該能夠欣賞展現在我們面前的美，這是邁出的第二步，是很有意義的一個階段。對於玉雕飾品，只有既能夠鑒別真偽，又能領略欣賞到其外表的、內在的意韻——即具備鑒賞能力，我們才算到達了認識的境界，站在了一個較高的認識平臺上。

一件翡翠飾品、雕件放在我們面前，它是一幅立體的畫、是一首無聲的詩、是大自然神奇的造化、是玉雕人心智的結晶。在飾品雕件中有久遠的歷史、有燦爛的文明、有禮儀的祝願、有警世的哲理，玉之所以成為玉，玉之所以成為玉雕飾品，除了其本身所具備的顏色、光澤、硬度等“天生麗質”的條件外，還在於它被人們賦予了獨到的人文藝術內涵，玉雕飾品能否被人們所喜愛、所接受，還和人們對它們認識，和大多數消費者、欣賞者對它認知、認可、理解的程度密切相關。

觀玉、鑒玉、購玉，可以滿足人們一般生活中在心理上、禮儀交往中、功利和時尚追求等方面的需要，給人帶來愉悦感，但僅有這些，還談不上獲得了真正的美感，只有賞玉，人們對玉的愉悦之情才能昇華為美好的精神享受，觀玉和賞玉，兩者雖一字之差，卻有著質的不同。對於翡翠飾品來說，色、種、水底等物質因素構成了它的軀體，體現了它的自然美，而文化藝術則是它的靈魂。因為有了欣賞，翡翠雕件就變成了一件鮮活的、有靈性、有意境的物品，才能使之真正成為美化生活、增強人們自信的物品，正是有了欣賞，玉才被人們做成理想的形狀，賦予了理想的屬性，佩戴安置在理想的位置。

翡翠雕件（蓬萊仙境）

只有具備了欣賞力，我們才能發現玉的魅力，理解玉的魅力，享受玉的美好。具備了欣賞力，也就是具備了思辨的能力、審美的能力，當然，面對同一飾品，人們可能會有不同的思辨，不一致的理解和做出不同審美評價或判斷，這是很正常的現象。

065 怎樣欣賞翡翠雕件、飾品？

怎樣欣賞翡翠雕件、飾品，不同的人、不同時代有不盡相同的方法，歸納人們對玉雕的欣賞角度和欣賞內容，我們覺得欣賞分為專業化的欣賞和大眾化的欣賞兩大類型。前者經典、精深，反映了玉文化的精髓；後者簡練、實用、具有更加廣泛的民眾基礎。現對這兩種欣賞作簡要介紹。

專業化的欣賞

專業化的欣賞不但強調欣賞玉的自然美，更注重的是將玉石、玉器人格化和理想化。專業化的賞玉站在一個較高的層次上，從玉器的品質、品格、品德三方面展開觀察和感悟。

（1）品質：又稱玉質，是玉石，玉器的自然條件和自然狀況，即玉的自然美，對於翡翠來說，玉料的顏色、透明度、質地、光澤、大小、形狀等屬於品質的範疇，自然條件好的翡翠，則可品賞的品質高，可欣賞性強，反之則相反。

（2）品格：包含了風格和品味兩個方面的內容。對玉雕飾品而言，具有兩方面的含義：玉器的創作風格和圖形寓意（品味）。創作風格主要是指玉器的設計，工藝表達形式如某件玉器是簡約的、抽象的，還是精細的、具體的，是傳統的、仿古的，還是現代的、時尚的等，從而品出端莊、精細、華麗、高雅、鮮豔、清淡、蒼老、柔嫩、高古、時尚、含蓄、明快、雄渾、細膩、奔放、靜遠、粗俗、典雅等等不同的風格。圖形寓意，就是透過玉雕飾品上的人物、山水、花木、蟲魚、飛禽走獸、歷史典故等，品出其中的含義、精神等。從而受到美的薰陶和人生啟迪。

（3）品德：中國的玉文化的特點之一就在於將玉的美麗比喻為人的美德，將玉的形象人格化。在欣賞玉器的過程 ，人們把對玉的品質、品味的觀察和感覺綜合在一起，昇華為玉的“品德”的概念，“德”在這裏的科學解釋為“事物的屬性”，並具有品德、品級（物質和精神的）、價值等含義。英國的著名哲學家培根曾說過“美德好比寶石”，他這裏所說的“寶石”，當然也包括了美麗的玉石。可見對於美的欣賞在這個世界上人們的心靈是可以相通的。

人生不能無“品”，生活追求高品質，凡事求品味，立身重品德。因此“品”要從品質、品味和品德三方面入手。在賞玉的過程，首先我們認識到翡翠是天生的美石，是大自然的精靈，是地質成礦作用的產物，具有優良的物理和化學性質，優良的工藝美術性能；其次，我們應瞭解，古人乃至今天的人把玉石視為天地間一切事物堅貞、高尚、純潔和美好的象徵，並將其人格化、道德化、使玉成為特殊的藝術品加以欣賞。中國人的玉德觀根深蒂固，千百年來，有許多精彩和形象的論述，如“君子比德於玉”、“言念君子，溫其如玉”、“有女如玉”、“彼其君子，美如玉”等等，這些言詞和觀念，一直不同程度地影響著後人賞玉時的思維，其中對玉德論述最具代表性的人物要數孔子和名著《說文解字》的作者許慎。

孔子對玉德的論述

大家知道，孔子是春秋末期的思想家、教育家，出身於今日山東省曲阜市，其思想、學說一直對後人有深遠影響，他對玉德的論述在思想界、學術界也廣為流傳，孔子說：“非為珉之多故賤之也，玉之寡故貴之也。夫昔者君子比德于玉焉：溫潤而澤，仁也；縝密以栗，知也；廉而不劌，義也；垂之如墜，禮也，叩之其聲清越以長，其終詘然，樂也；瑕不崇揜瑜，瑜不揜瑕，忠也；孚尹旁達，信也；氣若長虹，天也；精神見之於山川，地也；圭璋特達，德也；天下莫不貴者，道也……。”

孔子將玉的品德細分為仁、智、義、禮、樂、忠、信、天、地、德、道十一個方面，雖然對今天的人來說，以上言語可能不太好理解，但我們卻不得不承認，孔子對玉德的論述非常系統、全面、精闢，對我們欣賞翡翠雕件飾品有參考作用。

許慎對玉德的論述

許慎字叔重，是東漢經學家、文字學家，今河南省郾城人，他在自己所著的《說文解字》中論述了玉的美德：“玉、石之美，有五德：潤澤以溫，仁之方也；䚡理自外，可以知中，義之方也；其聲舒揚，博以遠聞，智之方也；不撓而折，勇之方也；銳廉而不忮，挈之方也”。這裏所論的仁、義、智、勇、潔五德，既指玉，又指人，實際上是以玉喻人，語義雙關。

潤澤，指寶玉的光澤，中國有“珠圓玉潤”之說，在人則比喻恩澤，為別人帶來利益。溫，指溫和、柔和。“潤澤以溫，仁之方也”，指玉的顏色、光澤溫潤柔和、能滋益萬物，這是寶玉富有仁德的表現。

䚡，指角中之骨“䚡理”，指寶玉的紋理。“䚡理自外，可知其中”，即根據玉器的外觀特殊形態可以知道其內部情況，表裏如一，內外一致，有透明度，這是寶玉身懷正氣和具有情誼的表現。

玉音和諧、舒展、暢揚，能傳播到很遠的地方，聽起來美妙悅耳，這是寶玉富有智慧和遠謀的表現。

美玉堅貞，寧折不彎，這是寶玉英勇頑強，堅忍不拔的表現。

廉，指廉潔、清廉；忮，指嫉妒；挈，同潔。寶玉雖然很清廉，但並不因此而嫉恨別人，這也是寶玉正直、廉潔和超然的表現。

由許慎提出的玉有仁、義、智、勇、廉的“玉德”，雖然不如孔子所論述的玉德那樣全面和系統，但他抓住了重點，顯得更加精練，在中國玉文化的發展史上產生了深遠的影響。歷史上還有許多論述玉德的觀點，在此難以盡述，但綜合古人對玉德論述的諸多觀點，則不難發現，玉德的核心是仁、義、智、勇、禮、信，是幾千年來中國儒家所推崇的價值精華，這些觀念對我們今天的人來說，值得思考和借鑒。

另外，孔子和許慎等人所歸納出的“玉德”，當初主要指的是新疆的和田玉，但翡翠所具備的諸多優點，並不亞於軟玉（和田玉）。故“玉德”的觀念完全可以移植、延伸到翡翠和其他許多玉石之中來。

在欣賞玉雕飾品的過程中，若一件玉器的品質高、品味正、風格好，那當然它的品德——玉德就高，就是上品，對玉德的欣賞更多靠感悟，而感悟的基礎，則是欣賞者的學識、修養、觀念等。

大眾化欣賞

大眾欣賞玉雕飾品時，較之專業化的欣賞就簡單得多，對於大眾化的欣賞來說，欣賞不需要很多的歷史文化知識，不一定要知曉玉文化發展史中的那些似乎成為經典的理念。對於非專業人士，非研究人員來說，欣賞一件玉雕飾品，主要是從物質和精神兩方面去觀賞、去品味。

（1）賞玉件的自然美

玉件的自然美是物質的東西，是看得見、摸得著、聽得到的、是客觀存在，對於翡翠雕件飾品來說，玉件的種、色、水、底、光澤、形狀、包括碰擊時的清脆的聲音，拿在手上的清涼的感覺等。這些都是實實在在和絢麗多姿的，從中我們可以發現到、欣賞到許多美。可以感覺到大自然的奇妙，從而產生許多美好遐想，人們會愉悅、激動、舒暢、感情跌宕起伏，這就是欣賞——在對物質的欣賞中享受到了美好的東西。

（2）欣賞玉件蘊含的精神美

玉件是古人和今人精神上的寄託，是表達情感的載體，在天生麗質的玉石上，留下的肯定是工匠或大師的思想、願望、情懷和意境等等，而這些情愫首先是用工藝手法而構成各種圖案來表達的。因此欣賞玉件的精神美是從玉件的工藝製作水準和玉件圖案、符號、文字的寓意兩方面來展開的。

對於工藝製作水準的欣賞，如構圖的虛實、聚散，形態的大小、方圓，線條的長短、曲直、粗細，位置的遠近、高低，應用材料和顏色的恰到好處等等。工藝製作水準，既反映了加工製作者的素質高低，也從很大程度上影響著人們的欣賞感受，影響著玉件品級的高低；對於玉件圖案的思辨和感悟，則是進一步的欣賞，這進一步的欣賞很有意義，只要我們對玉、翡翠持有興趣，有一定的文化藝術、歷史宗教、民俗民風、美學哲學等方面的知識積累，在生活中注意觀察和學習，是完全能悟出，並欣賞到玉件所體現的各種各樣圖案所蘊含和表達的思想內涵和生活情趣。當今，作為商品在市場中流通的翡翠飾品，其玉雕圖案更多地反映的是吉祥、祈福、驅邪、護身等思想情感，純粹反映美，純粹從裝飾出發的玉雕圖案卻相對較少。對於大的，以擺設欣賞為主的翡翠雕件，則圖案的創作多以山川人物、歷史宗教題材為主。對於各種常見的翡翠飾品、雕件圖案的瞭解，將在後面的內容中談到。

欣賞翡翠飾品雕件的過程 ，我們所欣賞的內容可能會很多，可能會從不同的角度、不同的側面、不同的切入點去欣賞，但歸根結底，賞玉的過程不外乎是對玉件作出物質欣賞和精神欣賞，前者反映的是玉件的自然屬性，是大自然賦予的；而後者反映的是玉件的社會屬性，是人為寄託的，賞玉的內容也可用五個字加以概括，即對玉件的質、形、工、意、神進行欣賞。

066 為什麼說翡翠是玉石之王？

我國是玉石大國，新疆的軟玉（和田玉）、丁香紫玉，青海的烏蘭翠，遼寧的岫岩玉，河南的獨山玉、梅花玉，南京的雨花石，湖北的綠松石，浙江的青田石，福建的壽山石……這些玉石中的精品，古往今來，被人們珍愛和讚美，而在五彩斑斕的玉石世界裏，翡翠卻後來居上，鶴然而立，獨領風騷，被稱為“玉石之王”，與鑽石、紅寶石、藍寶石、祖母綠並稱為世界五大寶玉，這絕不是偶然的。

為什麼翡翠是玉石之王呢？我們可以從其美觀、稀有、適用和耐用四個方面找到答案。

（1）美觀：通常，翡翠清澈晶瑩，濃而不枯，以隱隱約約、朦朦朧朧的玻璃質而獨具一格，備受歡迎。與軟玉（包括羊脂白玉）等其他玉相比較，翡翠的美麗程度堪稱一流：上等的翡翠，其色澤亮麗靈潤、通透晶瑩、豔美動人，且翡翠的顏色極為豐富，有綠、紅、黃、白、藍、青、紫、淡紫、粉紅、黑等色，真可謂五彩繽紛、豔麗多姿。其中紅色為翡、綠色為翠（但翡翠並非專指綠色和紅色），高品級的翡翠絕大多數呈綠色，綠色是大自然的主色調。翡翠的綠色有翡綠、蔥綠、蘋果綠、秧苗綠等等。上等翡翠的綠如仙露欲滴，勝過一泓秋水。可以毫不誇大地說，上等翡翠的美麗勝過了現在人們所發現的其他任何玉石。

翡翠不但具有典型的外在美（顏色美），更具有豐富的內涵。翡翠以綠為名貴，其色澤深邃如雲似苔，豔而不俗；如春林吐芳，碧綠清澄、生機盎然，預示著生命之樹常青，象徵著國運、家運欣欣向榮。珠寶界，尤其是翡翠界的一些資深人士普遍認為，翡翠秀外慧中的光芒，不浮華、不輕狂、不偏激，寧靜而高雅，這正是中國人追求和讚美的品格；它剛柔相濟的質地，堅韌、溫良、內韻豐厚，恰似中國人性格的寫照，它代表著一種嚮往，一種寄託，一種內心的安寧與坦然，一種超脫的力量而永恆地造福于世人。所以它才會在很短的時間內替代了軟玉的地位，“使翡翠文化、翡翠藝術在中國及至世界的玉文化史冊上發出最為璀璨的光芒。”正因為翡翠具有這樣美好的形象和內涵，所以它是東方人，特別是中國人厚愛的美玉，被人們視為吉瑞與祥和的象徵。

（2）稀有：翡翠專指美麗的、可以作首飾及高級玉雕原料的、商品級的硬玉岩。軟玉、岫玉、瑪瑙等玉料雖然也很美麗，但玉礦分佈很廣、產地很多，開採也不難，目前，雖然在日本、哈薩克斯坦、俄羅斯、美國及瓜地馬拉等國家的某些地區也發現有硬玉礦岩，但這些國家出產的翡翠質地遠遠比不上緬甸出產的翡翠。商品級的，尤其是高檔翡翠，只有緬甸北部的帕崗、猛拱等地出產，其資源經過不斷地開採，呈越來越少，不可再生的勢態，很多玉石廠的開採工作越來越難。資源的減少和需求的不斷增加，成為翡翠價值含量的不可忽視的一個因素。

翡翠掛件
（連中三元）

（3）適用：並不是每一種寶石、玉石都具有廣泛的適用性，舉個例子：老人、小孩佩戴鑽戒或鑽石飾品就顯得很不得體，男人佩戴紅寶石戒指也顯得不太適宜。翡翠具有廣泛的適用性，它適合於製作雕件、掛件、擺件、手鐲、戒面、墜子等任何首飾及工藝品；翡翠製品雅俗共賞，無論是富麗高雅的場所，還是平凡、普通的百姓之家，都可以置放和使用翡翠飾品；它不受文化層次，職位高低，收入多或少的限制，價格高昂的極品，一對手鐲可值上千萬港元，一粒戒面可值幾十萬甚至上百萬港元，價格一般的，哪怕三五百元乃至幾十元的翡翠飾品，佩戴在身上亦感覺良好。所以，無論是豪商巨富，還是一般的工薪階層，乃至農村的百姓，都有條件購買翡翠飾品；它不受年齡、性別的限制，男女老幼均可佩帶。

（4）耐用：翡翠的硬度較高，結構緻密，具有較高的耐磨性和韌性；翡翠具有較好的耐熱性，鑽石在空氣中加熱至800℃會燃燒而成為炭灰，而翡翠在1000℃左右方能熔化為玻璃狀；翡翠有良好的承壓性，其承受靜壓力的能力強于鑽石和普通的鋼材；翡翠在空氣中化學性質穩定，不發生次生變化，具備了高檔寶石的條件，在不與強酸接觸的情況下，可以永久保存、熠熠生輝。若經常佩戴，天然翡翠的色彩及透明度還會隨著使用時間的久遠，而更加明麗、通靈和潤澤。

由於翡翠具有美觀、稀少、耐用的特性，所以它在過去的年代就極為珍貴，多為帝王富豪所佔有，高檔的翡翠非常昂貴，其價格遠遠高於其他玉石和許多種類的寶石；又由於翡翠具有極其廣泛的適用性，深受不同層次、不同職業、不同年齡和不同性別的消費者歡迎，其應用範疇遠遠超過其他寶玉。所以，翡翠被人們稱為“玉石之王”。

067 翡翠飾品及雕件上的圖案有何寓意？

翡翠飾品及雕件的寓意，通常是借助、根據玉雕件中圖案的內容或諧音，來表達某種吉祥美好的願望。珠寶市場中翡翠飾品及雕件有各種圖形圖案，這些圖案有著很豐富的內涵。瞭解、看懂圖案的寓意，這是一件既有趣，又有實際意義的事，它有助於每一個消費者選準自己所需的翡翠飾品。

生肖掛件的寓意

十二生肖為鼠、牛、虎、兔、龍、蛇、馬、羊、猴、雞、狗、豬。通常，人們佩戴與自己出生年相符的生肖掛件，有求得平安康泰，吉祥如意的願望。另外，每個生肖還有各自特有的寓意：

翡翠雕件
（太平有象、宏圖大展）
七彩雲南供圖

鼠——靈鼠獻瑞，瑞鼠運財。

牛——扭（牛）轉乾坤、牛氣騰騰。

虎——虎雄千里，虎虎生氣。

兔——玉兔靈芝，靈兔吉瑞。

龍——龍騰雲天，大展鴻圖。

蛇——福祿玉蛇，金蛇飛舞。

馬——駿馬奔騰，馬到成功。

羊——羊致清和，三羊開泰。

猴——靈猴獻壽，封侯掛印。

雞——金雞報曉，吉運來臨。

狗——拳拳之心，前程有望。

豬——福豬吉祥，祝福平安。

另外，還有一件掛件上雕有兩種生肖，如馬上封侯（猴），龍鳳呈祥，龍騰虎躍，龍馬精神等。

人物掛件的寓意

佛像人物：彌勒佛，有笑口常開，大肚能容，知足常樂，佛法無邊、笑佛賜寶（彌陀佛搭配元寶圖案）之寓意；觀世音則有普渡眾生，大慈大悲、救苦救難，吉祥如意等寓意。若是千手觀音，則“千”為無量及圓滿之意，“千手”表示大悲利他的無限廣大；如來菩薩寓意光明普照、智慧廣大、貴人來助。

其他人物掛件：這一類掛件多為根據民間傳說、故事中的人物組成，如由三人象徵“福、祿、壽”而組成的“三星佩”；由鐵拐李、呂洞賓、漢鐘離、張果老、韓湘子、曹國舅、藍采和、何仙姑組成的“八仙過海”，他們自由灑脫，專門懲惡、扶善、抑富、濟貧、聲張正義；由金童、玉女組成的“招財進寶”和“富足吉祥”；刻有壽星和神童獻桃的“福壽佩”以及可以“辟邪消災”的鍾馗、關羽、張飛等等。目前，以現代風格，現代人物為題材的掛件還很少，人們希望以後的翡翠掛件創作，能彌補這一不足。

花件和雕件（擺件）的寓意

前面我們曾談到，在翡翠掛件中以花件的圖案最多，內容最豐富。花件和雕件（擺件）只是物品大小有區別，前者體積小，可佩戴在身，後者體積大，只宜用於陳設擺放，不能佩戴。至於二者的圖案設計和構思，則屬同類風格、同類題材。例如：

年年大吉：由兩條鯰魚和幾個桔子組成，以鯰與年、桔與吉諧音，表達富足、豐收的願望，其中魚均刻成鯉魚，因鯉魚善跳躍，民間有鯉魚跳過龍門即變為龍的傳說，故世人常將其作為高升、幸運的比喻。

年年有餘：由荷葉、蓮蓬和鯉魚構成圖案，寓意生活富裕、豐慶有餘的好日子年復一年，好運不斷。

一躍高升：水波上有一條活潑跳躍的鯉魚，以魚與一諧音，鯉魚跳龍門表達在仕途、商場上一舉騰達的良好祝願。

一品清廉：以一莖蓮花構成圖案，清蓮與"清廉"同音。蓮花在我國被稱為君子之花，宋代周敦頤的《愛蓮說》盛讚蓮花"出淤泥而不染，濯清漣而不妖……香遠益清，亭亭淨植，可遠觀而不可褻玩"，所以其形象高潔、清雅，"一品清廉"比喻仕途順利，為官清廉。

丹鳳朝陽：首翼赤色的鳳凰稱為丹鳳，丹鳳向著太陽，象徵美好和光明，也比喻為"賢才逢明時"、"人生逢盛世"。

龍鳳呈祥：龍象徵尊貴、權威，鳳象徵美麗、吉祥，龍鳳呈祥常喻新婚之喜，萬事如意。

福壽雙全：圖案中一隻蝙蝠象徵"福"，兩顆壽桃象徵"壽"，二枚古錢象徵"雙全"。圖案以諧音寓意幸福、長壽的美好人生。

福在眼前：圖案中一枚古錢、一隻蝙蝠，蝙蝠在錢眼之前，寓意時來運轉，幸福將至。

福祿有壽：由蝙蝠、葫蘆和壽桃構成圖案，以蝠與福，蘆與祿諧音，桃表示長壽。

壽天百福（五福捧壽）：圖案由五隻蝙蝠圍抱壽桃構成，象徵人的一生非常完美，在各個方面皆獲得成功。

天馬行空：在古代傳説中，天馬是能飛的神獸，天馬行空寓意奔放的氣勢和超群的才華。奔馬圖案在很多場合又寓意馬到成功。

萬象更新：圖案由大象和一盆萬年青構成，象徵時來運轉，祥和如願、財源不斷。另外，大象還象徵平安、祥瑞，如“太平有象”掛件，寓意時逢盛世，天下安寧。

事事如意：由兩個柿子和如意組成的圖案，喻事事順利、萬事如意。

瓜瓞綿綿：圖案由大瓜、小瓜、瓜蔓和瓜葉組成。“瓜瓞綿綿”一説出自《詩經.大雅.綿》：“綿綿瓜瓞，民之初生”。圖中瓜之大者為瓜，小的瓜則稱為瓞。瓜一代接著一代生長，以前比喻家族人丁繁盛，當今則比喻豐收有成，碩果累累。

喜上眉梢：喜鵲站立在梅樹枝頭，寓意吉星高照，喜事臨門。

和合如意：荷、盒、靈芝構成圖案。荷、盒比喻“和合”，靈芝比喻如意，此圖案寓意家庭和睦、夫妻恩愛，人事和順。

另外，在花件中還常見以松竹梅蘭、仙鶴、靈芝組成的圖案。松、竹、梅並稱為“歲寒三友”，松、竹、梅、蘭稱為“四君子”。松是常青、挺立、剛毅的象徵，竹是高尚氣節、謙虛胸懷的象徵，葉劍英元帥曾寫詩贊竹：“彩筆淩雲畫溢思，虛心勁節是吾師，人生貴有胸中竹，經得艱難考驗時”，竹有節，且節節向上，又預示天天向上，一年更比一年強；梅花具有不怕困難，堅毅頑強等品格，其神、形、韻、香一直受到人們的推崇，古往今來，讚美梅花的詩句數不勝數；蘭花為我國傳統名花，有“王者之香”、“國香”之盛譽，古人常以蘭花代香，並賦以其高貴超俗的形象；鶴因其高貴、灑脱、潔雅的形象，一直受到人們的喜愛，是長壽延年的象徵；靈芝是傳統文化中的瑞草，是消災避難，如意、長壽和吉祥之物，故圖案中有靈芝蘭花或竹與蘭寓意天長地久，超脱世俗的君子之交。

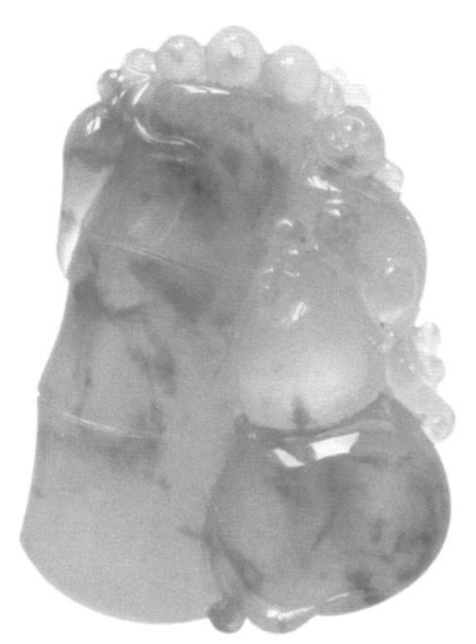

翡翠掛件
（節節增高、福祿有壽）

花件的圖案還有很多，如寶船圖（由壽星、童子、元寶和帆船組成）、報喜圖（由豹、鵲、組成）、喜在眼前（喜鵲與古錢）、喜報三元（喜鵲、桂圓三枚）、平升三級（花瓶、笙、三隻戟）、金玉滿堂（金魚數條）、麒麟送寶（麒麟、元寶）、一帆風順（帆船和祥雲）、風調雨順（寶瓶朝下灑水、蝙蝠、祥雲和風帆）、鵬程萬里（蒼鷹展翅於雲海之上）、心緣（雞心）、平安如意（寶瓶、如意）、祝報平安（竹、爆竹、鵪鶉）、百年好合（荷花、百合、萬年青）、封侯掛印（猴子、楓樹、印章）等等。

總之，翡翠飾品及雕件常常根據民間傳説，佛經故事、民間諺語、吉祥圖案等，應用人物、花鳥、走獸、器物，來表達福順、喜慶、尊貴、歡樂、高雅、安寧等含義。利用諧音、借喻、比擬、象徵等表現手法，來設計、構造圖形以表達意境，既是設計者的一個重要思想，也是消費者領會、識別翡翠製品圖形圖案時的一個要點。翡翠製品不僅是人們所喜愛佩帶或用以擺設的飾品，而且也是親朋好友之間相互饋贈、禮尚往來的最佳禮品。所以，當你收到（或送出）一塊翡翠製品，你不僅收到（或送出）了一件精美的禮物，同時，也得到或送出了一份真誠美好的祝願。

值得指出的是，玉雕飾品若是要讓更多的人喜愛，具有生命力，在設計構思上不但要繼承傳統，挖掘傳統文化中一些有意義的題材，而且要注重推陳出新，要有時代感和創新意識，要提倡現代簡約、俐落、形象和抽象相結合的設計風格。如這些年來在香港、臺灣等地的珠寶首飾設計大賽中，大多數獲獎的作品在設計思想、選料造型上都突破了傳統觀念：簡潔、明快、優雅，大方而不失富麗，給人一種時間與空間交織、勇氣與高雅同在、現實與理想兼顧、繼承與發展共存的全新的時代感。

068 翡翠擺件“白菜” 有何寓意？

中國玉器雕琢的取材十分廣泛，琢玉的題材有民間傳說，歷史典故，宗教故事；有山川花木，飛禽走獸等等。每件翡翠飾品，無論是掛件，還是擺件，都有一定的美學意義和文化寓意。其中，翡翠飾品的思想文化寓意，往往又是通過諧音、借喻、比擬、象徵等手法來表達的。而諧音，則是理解白菜雕件寓意的最主要的一個方面。

在近代的玉雕作品中，一些普通的生活用品、食品也成為玉雕的題材登上了大雅之堂，或進入了百姓之家，如玉雕蔬菜白菜、南瓜、葫蘆、黃瓜等。取極為平常的蔬菜作為玉雕題材，一方面說明玉文化的發展，與老百姓的生活緊密結合——栩栩如生的玉雕白菜增添了生活情趣，具有很好的觀賞效果；另一方面，我們也可以理解，這是以玉雕為表現形式，借助於諧音，來表達雕玉人或購玉人的某種願望、追求、寄託、愛好、希望和嚮往。

在古代的玉雕作品中，我們看不到蔬菜玉雕。古代的玉器多為禮玉、（如“六瑞”——璧、琮、圭、璋、琥、璜等）、圖騰（如龍、鳳、麒麟等）、兵器、佛像、神仙、生肖等等。在清代以前，玉雕作品中沒有白菜雕件，到了清乾隆年間，國家政治穩定，經濟發展，百姓安居樂業。當時緬甸和中國交好，緬甸國王知道乾隆皇帝對玉器有著濃厚的興趣，所以以翡翠為貢品，源源不斷地進貢到北京。其中一些玉料綠之處綠得青翠欲滴，白之處白得雪白潤亮，使乾隆讚不絕口。由於乾隆皇帝對玉器的偏愛和造詣，使得清代的玉雕業有了長足的發展，玉雕形式風格多樣，玉雕品種百花齊放，雅俗俱全。因為緬甸國的翡翠進貢京都，玉雕白菜在這一時期作為玉雕作品的一個雅俗共賞的題材，出現在了世人眼前。製作玉雕白菜的玉種，也由翡翠擴展到和田玉、岫岩玉、獨山玉和方解石玉等等。

在珠寶市場中，我們常發現在很多翡翠的壁櫥或百寶博古架上，擺放著鮮活如真，玲瓏潤澤的白菜雕件。2004年9月6日，我國有史以來的最大一棵翡翠《白菜》在揚州玉器館正式亮相，這棵長98釐米、寬52釐米、高66釐米、重達150公斤的玉雕白菜，堪稱“白菜王”。“白菜王”由中國工藝美術大師江春源設計、江蘇省工藝名人時慶梅歷時2年才製作成功。這棵翡翠白菜雕件兼具北方的寫實和南方的玲瓏，作品採用通體白紫綠三色相間，透澈亮麗的緬甸優質翡翠製作，毛坯有350公斤重。整個作品菜莖緊密相裹而菜葉疏鬆玲瓏，紋理婉若天成，尤其是葉子的變化翻卷無一處雷同，栩栩如生。

玉雕白菜第一個寓意，取自白菜的諧音，意為“百財”，有聚財、招財、發財、百財聚來的含意；玉雕白菜的第二個寓意，取自白菜的顏色和外形，寓意清白。我國不少地區的老百姓在過春節的時候，都要吃兩道家常菜，即長葉白菜和青菜，寓意天長地久、清清白白。與此類似，玉雕界的專家認為，玉雕白菜有“堅貞純潔，清清白白”的意思。目前，玉雕白菜主要有兩類，一類為純白玉料，如由方解石玉料（阿富汗玉）、和田白玉（軟玉）、石英岩玉等玉材製成；另一類為白綠相間或綠色的玉料，如翡翠、岫岩玉、獨山玉等。純白玉料雕琢而成的白菜，表示潔身自立，純潔無瑕：白綠相間的玉雕白菜，則表示收藏者兩袖清風、做人清白。

另外，根據白菜的發音，收藏玉雕白菜還有“擺財”之意，如白菜與元寶所組合的玉雕，即有此意。舊時的有錢人家，財源滾滾，金錢多得用不完，財主為了防止家中的銅錢生銹，常常會在夜深無人之時，把暫不使用的銅板擺出，慢慢欣賞、擦拭和清點，這樣的狀況和心情，有的人十分嚮往，其間意境，真可謂只可意會，不可言傳。

翡翠白菜

玉雕白菜既有單一的白菜造型，也有與其他植物、動物相組合的造型。如白菜與蜘蛛、馬蜂、螳螂、蟈蟈、促織等動物相組合的造型；與人參、南瓜、葫蘆、黃瓜等植物、果實相組合的造型。其中的含意：蜘蛛——知足常樂；馬蜂，象徵勤勞；螳螂，是有益的昆蟲，能防止害蟲侵害白菜，其意自然不必多語；促織寓意抓緊時間紡織，即抓緊時間獲得更大發展的意思；“蟈”與國諧音，寓意國家富足有財；人參與人生諧音，寓意人的一生；葫蘆有“福祿”之音，也有代代相傳之意；南瓜在民間表示福窩；黃瓜則表示到底，也有人認為是“飛黃騰達”。可見，在一棵小小的玉雕白菜圖案中，包含、寄託了人們多少願望和嚮往。真是見仁見智，見喜見財，各取所好。

選擇玉雕白菜，首看玉料：白玉白菜潔白如雪，光澤宜人；白綠相間的玉白菜如同真品，勝似真品，若有俏色且俏色用得妥當，常常巧奪天工，使人禁不住讚歎大自然的神奇。其次看工藝，好的工藝使稈的形狀、葉的形態、菜筋的紋理栩栩如真，整體造型使人愛不釋手。第三，應注意組合圖案的內涵和造型，因為在動植物與白菜的組合圖案中，白菜以外的內容常常起到畫龍點睛的作用，同時又豐富、提升了意境。第四，觀察玉雕的託盤（基座），看其與玉件組合是否協調、得體。最後，也是人們最為關心的，那就是價格問題了。

決定玉雕白菜價格的因素主要是玉料和工藝，一般情況下，用以琢製白菜擺件的玉料，其晶體結構（俗稱為“種”）不必很細，即晶粒較粗，晶粒間的構造不太縝密，因為這樣的玉料能夠較好地表現出白菜的真實狀況，做玉雕白菜的玉料的透明度（俗稱“水”）也不會高，用水頭好的玉料製作大型的雕件，反倒是一種浪費。所以，玉料有光澤、無瑕疵即可。至於工藝，絕大多數人都有欣賞、審美能力。有鑒於此，目前市場中製作玉白菜的玉件料，大多數為中檔或中低檔的材料，因此玉雕白菜的價格不會很高。用阿富汗玉、岫岩玉琢制的白菜價格一般在幾百元至千餘元之間；和田白玉、獨山玉琢制的白菜價格一般在幾百元至幾千元至幾萬元之間；翡翠白菜價格一般在千餘元至幾千元至幾萬元之間。也有十幾萬、幾十萬元的翡翠白菜，據說，由被譽為“中國白菜之王”的江春源、時慶梅創作的玉雕白菜已不下百棵，最貴者已遠遠超過百萬元。但這樣的玉白菜除了工藝好外，主要是玉料佳，有俏色表現，再就是白菜以外的圖形設計、雕琢得好。

069 什麼是“如意”？“如意”有哪些寓意和用途？

“如意”，是玉雕件中較為特殊的製品，是我國傳統的吉祥之物。據有關資料記載，此物遠在東漢時就已有之，在清朝時，已成為宮廷的珍寶之一。它的造型是由雲紋、靈芝做成頭部銜結一長柄而來。最初的“如意”是出古代的笏和搔仗演變而來，當時人們用它來搔手顧不到的癢處，可如人之意，故名“如意”。

在古代，“如意”的用途很廣泛，它可作防身器物，戰爭中也用於代麾作指揮之物，寓意萬事順利，吉祥如意。作為吉祥之物，它在民間及宮廷中都有廣泛的使用，常人遠行前，家人或友人會送上如意，以表良好祝願；佛僧講經時，常用“如意”作隨身攜帶的道具。清代，“如意”在宮廷中得到了最廣泛的應用。如皇帝登極大典上，主管禮儀的臣下必敬獻一柄“如意”，以祝政通人和，新政順利；在皇帝會見外國使臣時，也要饋贈“如意”，以示締結兩國友好，國泰民安。在帝后、嬪妃的寢室中，均有“如意”，以頤神養性，兆示吉安；特別是在帝后大婚，及至宮中萬壽，中秋、元旦時節，都需要臣下敬獻數量不少的“如意”，以寓意帝后平安大吉，福星高照。可見，一件小小的“如意”，是集宮廷禮儀、民間往來、陳設賞玩為一體的珍貴之物。

歷史已進入了現代，許多歷史上盛行的玉器飾品（包括翡翠飾品）如玉簪、玉釵、龍鉤、頂戴、板指、玉帶、扁方、香囊等等，在如今大眾化的珠寶消費市場上已基本絕跡，只是在文物店、古玩店或古玩市場中還可以見到這些飾物，但如意卻被人們

翡翠如意圖

接受並流傳下來，受到了當代人們的普遍欣賞，成為雅俗共賞，雅俗樂用的飾品。如今在北京，廣東四會、揭陽、河南南陽，鎮平以及揚州等地，仍有不少玉雕工藝師用翡翠、和田玉、獨山玉等製作各種造型的如意雕件。在珠寶市場中，我們常常可見到在翡翠製作的花件中，在眾多圖案中搭配上一個如意的圖形，以示對選購者的祝福。

070 為什麼說人和飾品的風格必須統一？

愛美、崇尚美、欣賞美、追求美是人的天性，在追求內在美的同時，也要使自己的外表、服飾及裝扮美起來，使生活美起來，這是現代人最自然的願望。珠寶首飾是美的，遇到一件自己喜愛的翡翠飾品，也許你會怦然心動，很想購買它，使用它，但在購買前，在選擇首飾前，不妨適當地作點思考，這對於購物效果肯定是有意義。

在購買一件翡翠首飾前，品質和價格當然是很重要的因素，品質有兩個含義：貨真及品級（檔次）的高低，對於品質，我們在本書的“品質篇”中已詳細地談論；關於價格，這很好理解，無非是便宜、適中，自己能夠承受。除了品質和價格外，我們必須考慮的因素有自身的個性，首飾的款式，設計風格，自己所處的環境條件，文化背景等，如果對這些因素考慮不周僅憑興趣購物，則可能使一件很好、很美的首飾體現不出美好的效果。

翡翠首飾不僅僅是一種商品，還是一種文化品位的體現，是文化與美的有機結合，珠寶首飾的美麗必須有恰當的表現方式，即只有正確選擇適合自己佩戴的首飾，才會給別人，給自己帶來賞心悅目和自信振奮。因此，對於某個消費者來說，當他選擇翡翠飾品時，必須結合自身的情況，結合自己的個性而定。一般說來，大致可分為三個方面：首先是消費者的氣質、性格、身材、體態等；其次是佩戴的地點、環境、時間等；第三是消費者的服裝設計風格、色彩、質地等。只有在正確選擇佩戴的基礎上才會使首飾美學價值體現出來，使佩戴者更顯風采，更加美麗，此時首飾的款式、顏色、設計風格是要考慮的重要因素。

消費者購買翡翠飾品有不同的用途，若是用於裝飾、美化自己，則必須結合、符合自身的實際情況，以商品價值、美學價值和佩戴效果為選擇的準則；若用於保值，則以商品現有價值和潛在價值為評估的重要內容，如翠綠高檔的翡翠因資源愈來愈少，具有稀有性和美學價值，其升值的可能性無可置疑，是首飾中保值增值的首選物品；若用作禮品，要考慮其背景、習俗等，不同年齡、不同地區、不同民族對飾品的種類、檔次、顏色的喜好不同等，還要考慮所購飾品的情感價值、實用價值等。

時尚高雅的翡翠胸花

在珠寶翠鑽的消費向大眾化、個性化和時尚化發展的今天，選擇翡翠飾品的意義不單是飾品本身所具備的價值和魅力，還要考慮和飾品關聯的諸多因素。如此，便能減少浪費和盲目，使你的購物選擇恰如其分，恰到好處。

071 什麼是“俏色”藝術？

“俏色”是中國玉雕工藝的絕活，現已成為玉雕行業的專用名詞。所謂“俏色”就是依照一塊原料中顏色的不同來設計作品，使原料的不同顏色被應用得恰到好處而且非常巧妙，使天然的色斑在雕件中起到了點石成金的作用。如一塊白色玉石原料中有紅斑和黑點，雕刻工藝師則把紅色斑塊設計成鵝的冠部，把黑色斑點設計成鵝的眼睛，這種根據原料的特點，對玉雕作品作出巧妙的設計就稱為“俏色”。由當代書畫大師範曾設計，玉雕大師蔚長海製作的翡翠玉雕《神蟾戲珠》，是一件非常難得的“俏色”珍品：在翠綠的荷葉上，臥著一隻栩栩如生的蟾蜍，在這只神蟾的口中銜著一粒白色的珠子。珠子的白色與荷葉的綠色以及神蟾的顏色形成鮮活的對比，使人不能不讚歎設計的獨特，工藝的精湛。另一件由施稟謀大師設計製作的翡翠雕件《春蠶》，也堪稱“俏色”作品中的傑作，施先生充分利用玉料的白色部分作蠶，綠色部分作葉，整個雕件生動逼真，令人叫絕。還有許許多多優秀的玉雕“俏色”作品，當你觀看、欣賞這些作品時，會情不自禁地讚歎造化的神秀和人工設計構思的精妙。“俏色”手法能大大提高玉雕產品的觀賞價值、收藏價值和經濟價值，使玉雕作品增添了許多魅力。

當今，“俏色”已成為了玉器加工和欣賞的專用名詞，哪怕是較低檔次的玉料，只要有“色”，且這“色”用得“俏”，也可能身價倍增；高檔次的玉料，其俏色產品的價值更是高得難以估量。

072 怎樣欣賞翡翠玉雕“四大國寶”？

由特級工藝美術大師王樹森帶領北京玉器廠的近40名玉雕高手設計、製作的翡翠玉雕作品《岱岳奇觀》、《含香聚瑞》、《群芳攬勝》和《四海騰歡》，享譽海內外，代表著當代翡翠玉雕的最高水準，被公認為翡翠玉雕的“四大國寶”現藏於北京中國工藝美術展覽館中的“珍寶館”中。專家對“四大國寶”作如下介紹和評價：

《岱岳奇觀》以東嶽泰山的主要景觀為題材，雕刻琢磨而成的擺件是一塊長78釐米、寬83釐米、厚50釐米，重363.8千克的巨大翡翠。作品中前山突出了泰山十八盤、玉皇頂、雲步橋、竹林亭等名勝奇景；後山突出了亂石溝、避塵橋、天柱峰等孤嶺溝崖。前後兩面構思完美，琢制技藝精絕。仔細欣賞，但見山嶺雄峻，天下名山巋然不動，堅不可摧，寬厚挺拔的山體，象徵著中華民族堅忍不拔，質樸敦厚，寬仁博大的精神特質，似可觸及到中華民族剛毅堅強：以宏闊包容萬物，以堅韌自我砥勵，以發奮超越求新的精神風貌；再看林木神秀：青山林木中，掩映著座座梅亭，倒掛的銀河上，映襯著片片雲朵。異獸奔走，仙鶴翱翔，東側懸崖上冉冉升起的一輪紅日，更顯出這座名山的雄偉氣象，使人不得不讚歎：造化鐘神秀，果然多奇觀！

《含香聚瑞》是一個翡翠大薰，是我國傳經器皿造型的典型。大薰由頂、蓋、主身、中節和底座五個部分組成。薰高71釐米、寬66釐米、厚40釐米，重為274千克。花薰集圓雕、浮雕、鏤空於一體，從各個方面體現了我國當代雕琢工藝的最精湛的水準。對於如此巨大的花薰，若琢得過厚，則會產生沉悶感；若琢得太薄，又會使玉料本身具有的綠色受到淡化而影響效果和價值。而現在的設計和雕刻，達到了恰到好處、盡善盡美的效果。薰上的龍、鳳、龜、麟及青龍、白虎、朱雀、玄武等圖案紋樣，寓意著吉祥，歌頌著和平，預示著安泰，象徵著中華民族將興旺發達。

《群芳攬勝》是一個插滿鮮花的目前世界上最高大的一個翡翠花籃，籃中四季鮮花爭奇鬥豔，牡丹、菊花、月季、山茶等名貴花卉，給人一種春在眼前，春滿人間的美好感覺，是祖國與民族蓬勃煥發生機和未來光明發展的象徵，此雕件的獨特之處在於其玉雕長鏈——花籃雙鏈長40釐米，每條鏈由32個鏈球組成，工藝上的難度極大，兩個玉雕高手足足用了8個月的時間才完成了玉鏈的雕琢。花籃雙鏈是當今世界上最長的玉雕長鏈。蘊涵著深邃的東方智慧，長鏈融會貫通、生命之環環環相連，無以阻斷的特性，也象徵著中華民族變則通，通則久、通則興的綿延不絕的發展哲理。

《四海騰歡》是當今世界上最??聶浯洳迤粒?飑撇迮疲?74釐米、寬146.5釐米、厚1.8釐米。插屏的整個畫面以我國傳統文化中的首選題材龍為主題。只見雲海茫茫，九龍騰飛，狂飆席捲，雲水翻騰。整個雕件氣勢磅?，陽剛之美和陰柔之美和諧融合，相互輝映，象徵著中華民族自強不息，綿延不絕，曆久彌新的文明發展。寓意華夏兒女、龍的傳人繼往開來，勇往直前，英武豪邁的氣概，使觀賞者在插屏跟前肅然而立，浮想聯翩。

“四大國寶”的材料是有關單位建國前從雲南購買到的，後一直埋沒於雜貨庫中無人敢於問津，直到國家實行改革開放的政策後，同王樹森先生過問並提議，人們才將這四塊看似平常的石頭找出，面向中國珠寶行業廣泛徵集原料的設計方案，得到了熱烈的回應。經反覆比較、篩選、評議，最終從入選取39個方案和78件設計圖稿中，選取了四個最佳作品，從1982年6月開始進行雕琢，歷盡艱辛，於1989年精雕而成，在中國玉器史上寫下了輝煌的一頁。

翡翠玉雕“四大國寶”在選材用料，設計構思，形象寓意，表現手法及雕琢工藝等方面，都各有獨到之處，具備了高、精、尖的綜合水準，這是它們被尊為“四大國寶”的關鍵所在，也是人們欣賞這四件國寶的基本著眼點。

073 怎樣欣賞翡翠巨作“四大靈山”和“會昌九老”？

在我國，四大靈山又稱為四大佛山，這四大佛山分別是山西省的五臺山、四川省的峨眉山、浙江省的普陀山和安徽省的九華山。

繼翡翠“四大國寶”問世以後，我國的玉雕大師們又創作出了一組具有極高藝術水準和欣賞價值的大型翡翠玉雕——“中國四大靈山”。中國已故佛教學會會長趙朴初先生對翡翠巨作《四大靈山》的創作給予了很高的評價和讚譽，並滿懷興致地為四座靈山分別題了字，賦了詩。這組稀世珍品是由一塊重約1000千克的上等翡翠原料，分割成四塊玉料雕琢而成。這四塊翡翠雕件的名稱分別為：清涼世界（五臺山）、普賢境界（峨眉山）、海天佛國（普陀山）和九蓮聖境（九華山）。

在觀賞時，首先我們感覺到雕件的用料之妙：四塊翡翠玉料均為淺紫瓷底，底子上布有片片綠色。淺紫色的底象徵吉瑞，淡淡的綠使人感到寧靜和希望，這與雕件的思想內容十分協調，現我們來對雕件作仔細地品味和欣賞：

（1）“清涼世界”——五臺山，主要刻畫了文殊菩薩的形象。文殊菩薩是佛祖釋加牟尼的左協侍，是佛祖的大弟子，其智慧與辯才第一，為眾菩薩之首，主管佛門的智慧、智慧之事，故稱“大智”菩薩。在作品的正面，文殊菩薩金身顯現，意態安詳：文殊菩薩頭頂結五髻，其右臂撐于坐騎青毛獅鬢髮之上，左手輕盈地撫於腮下，象徵文殊的智慧和力量；座騎青毛獅口銜利劍，雙爪撲地，體現了勇猛與忠誠。《宋高僧傳》有文殊菩薩在山西五臺山顯靈説法，予人智慧的故事。此玉雕是根據佛教傳説而創作。文殊的四周花草溢香，奇峰怪石聳立，清泉瀑布奔流……

在作品的另一面，表達了千山嵯峨，萬峰雄偉，寺宇富麗，花木繁茂，雲霧迷蒙等境觀和意境……，其中菩薩金頂、白塔、大牌樓和寺宇殿堂交相輝映，十分壯觀，濃縮了五臺山的不少實際景物。

（2）**“普賢境界”**——峨眉山，主要刻畫了普賢菩薩的形象，普賢是佛祖的右脅侍，是象徵佛家“德”和“行”的菩薩，故稱“大行”菩薩。普賢在佛國中主吉祥，化利一切眾生，其職責是推行佛門的“善”。在歷史上，普賢的造像時男時女，唐代以前多為男身女相，宋代以後又多為女身女相，在這件玉雕中，普賢是一位女菩薩。觀賞此件翡翠玉雕，但見普賢菩薩乘坐在六牙白象之上，左手持如意，肘枕經卷，右手輕提天衣，慧眼低垂，面含微笑。白象象徵堅韌負重，力大無窮，此外，民間有“功德造象”、“太平來象”、“太平有象”之説，因此，大象更有吉順、太平和功德圓滿的寓意。畫面表現出普賢的莊嚴、安寧和慈祥。四周雕刻了崖壁、怪石、青松、翠竹。

在作品的另一面，融會了峰、壁、林的巍峨、險峻和奇秀……有峨眉山報國寺、萬年寺、洗象池、臥雲庵等景觀，眾多勝景有機融合，十分壯麗。

（3）**“海天佛國”**——普陀山，主要突出了觀音菩薩的形象。在眾佛中，代表慈悲的是觀世音菩薩，故觀音又稱“大悲”菩薩。在佛經裏，“慈”的含意為“予樂”，即給人帶來幸福愉快；“悲”的含意為“拔苦”，即讓眾生脱離苦難。我們之中有許多人，當還是小學生的時候，就已經從吳承恩的小說《西遊記》中得知，“南無大慈大悲救苦救難觀世音菩薩”住在南海（應該是東海）的普陀山上，孫悟空保唐僧西天取經，在路上遇到困難沒有辦法時，就一個筋斗翻到普陀山，向觀音請示、彙報和求援。普天之下，佛教的最高領袖是南無本師釋迦牟尼佛，觀世音是佛國的第四把手。惟有在普陀山上，她成為了第一把手，供奉在最大的圓通寶殿裏，神像也最大。觀音菩薩老百姓都熟悉，自佛教傳到中國後，觀音一直被廣為供奉。但觀世音菩薩怎麼會以普陀山為家呢？有史書記載：唐懿宗鹹通四年至西元963年，日本和尚慧鍔第三次來中國取經學佛，在五臺山迎奉了一尊觀世音像，坐船回國時，在普陀島附近海面出事被阻。慧鍔和尚認為這是觀世音菩薩不肯去日本，於是就在海潮撞擊、聲若驚雷的潮音洞附近登岸，留下佛像，供奉在當地的一戶農民家。從此，觀音菩薩就在普陀山安家落戶，至今已經一千多年了。每年農曆二月十九（觀音誕生日），六月十九（觀音成道日）及九月十九（觀音出家紀念日），都有四面八方的人們來到普陀山，心懷虔誠，頂禮膜拜。玉雕中觀音菩薩安坐于觀音洞內，手持經卷，慈悲端莊，含笑低視，坐騎金毛吼臥於其側，右邊石幾上置淨瓶柳枝。四周有奇石修竹，腳下蕩起鱗鱗水波，表現出普渡眾生，慈悲為懷的悠悠意境。

在作品的另一面，有碧波翻騰，雲水連天等天高海闊景觀，與多寶塔、普濟寺，磐陀石二龜聽法等名勝古跡彼此呼應，更充滿了詩情畫意和佛家色彩。

（4）九蓮聖境——九華山，主要刻劃了地藏菩薩的形象。在佛學中，地藏與觀音各有分工，觀音救度世間眾生，地藏

文殊菩薩
（據《中國寶石》1993/2期）

則救度地獄鬼魂，由於此菩薩有“安忍不動如大地，靜慮深密猶如秘藏”的特點，因此稱為地藏。地藏曾立下宏願：“地獄未空，誓不成佛”，故又稱其為“大願”菩薩。作品中地藏菩薩手握寶珠，神情莊嚴，端坐在“諦聽”背上。其坐騎的神態既威風，又馴服，襯托出地藏菩薩神力無窮、智慧巨大的神態。四周有奇石、古松、菩提、垂藤。

在作品的另一面，有高山雄峻，祥雲瑞聚，殿堂輝煌、百花芬芳，使人似可見到香煙嫋嫋，似能聽到暮鼓晨鐘。其中，以九華山上的祇園寺、月身殿、百歲宮、龍池瀑等名?古跡而引人入勝。

“四大靈山”是我國有名的佛教勝地，四大靈山中的四位菩薩，在佛教中有著重要的地位。“菩薩”其意為“覺有情”、“道眾生”，四位菩薩在佛教（佛國）中承擔著弘揚佛法、普渡眾生等責任。通過欣賞翡翠巨作《四大靈山》、我們可以瞭解一些佛教方面的常識，這對於愛玉、賞玉、藏玉的朋友來說，大概有一定意義吧。

《會昌九老圖》玉雕山子也屬於我國玉雕作品中的傑作、珍品。算得了國家珍品級的“會昌九老圖”的玉雕山子有兩件，一件是收藏於北京故宮博物院歷史藝術陳列館的青玉大山子《會昌九老圖》。該山子高145釐米、重832千克，材質為新疆和田青玉（軟玉），製成於清乾隆五十一年（西元1786年）。作品根據“九老會”、“九老圖”等歷史傳説和有關歷史題材，描繪了唐代大詩人白居易會昌五年二月於洛陽香山與胡杲、吉皎、劉真、鄭據、盧貞、張渾、盧真及狄兼謨共九位社會名流，文人士大夫聚會宴游的情景。作品氣勢宏大，高古雄渾，充滿了詩情、畫意、友情、雅趣等自然氣息和生活氣息。

翡翠玉雕山子《會昌九老圖》取材於上述歷史名作。材質為罕見的緬甸優質翡翠，山子高26.5釐米、寬29.5釐米、厚9釐米、重12千克，雖然體積比青玉製作的九老圖小了許多，重量輕了許多，但在創作構思、雕刻工藝等方面較青玉九老圖卻有所創新和突破。作品不但運用了玉雕工藝中多種傳統技藝，栩栩如生地再現了白居易等九位高人深山聚會、宴遊暢快的生動情態，而且妙巧地應用了翡翠玉料的顏色、形狀、質地及裂綹、玉紋、體積等因素，順勢雕刻出遠山層巒疊嶂，近景懸崖峭壁，行雲繚繞，瀑布飛流、青松蒼翠、竹林繁茂、山花鬥豔、奇石崢嶸等山間景觀。欣賞這樣高水準的玉雕作品，真算得上是一種高品味的精神享受。

074 怎樣領會和欣賞翡翠佛像藝術？

中國的玉文化和宗教自古以來就有著密不可分的聯繫，由於翡翠的主產地緬甸是一個信奉佛教的國家，更由於翡翠盛行的區域——東方文化圈，是以信奉佛教為主要宗教信仰的地區，佛教對翡翠藝術的影響是非常大的，所以，佛教題材在翡翠文化中佔有很重要的比例和地位。

翡翠掛件（彌勒佛）

佛像雕件與人物雕件在風格上有所不同，佛像雕件通常塑造慈悲莊嚴、豁達超脫的佛家菩薩形象，而人物雕件的造型則以人物的常態真像為准。我們看到的菩薩形象，有的慈祥莊重，有的金剛怒目；或大肚無憂，笑口常開；或超凡脫俗、詼諧瀟灑。因此，佛教人物的構思與雕刻，創作者能有寬廣的發揮餘地。珠寶界的佛學人士認為，翡翠貴為玉中之王，來自佛國，可將其塑造為無聲的佛陀，空道的良師；翡翠自然天成，有光有澤，有形有狀，其色不媚不俗，其音不同凡響，正可說是是佛教精神的良好載體。佛像玉件在身可助人修行、養生，可甯心靜氣、護佑平安；同時，佛像玉件還是助人福慧雙修，接近自然，通向靜心法門的諍友。

在市場中，我們最常見的翡翠佛像雕件有彌勒佛、觀音菩薩，有時也可以見到如來佛（釋迦牟尼）和濟公活佛等。而彌勒佛、觀世音是中國人最喜愛、佩戴得最多的佛像，這是因為絕大多數都有一種祈盼人生福順、安寧、康泰的心理，希望在遇到困難時能夠逢凶化吉，消除不利因素，即常言道的消災避難，這是一種很正常的、完全可以理解的心理活動；也有不少人常感念做人之難，人生一世不容易，在遇到不公平、不如意事時怎麼辦？這樣的時候往往要尋求精神上的慰藉和支撐，在民間，老百姓喜歡笑口常開、大腹便便、滑稽又可親的彌勒佛，人們認為他的形象能使人解脫煩惱，納福納財，從而對生活充滿樂觀精神。每當看到彌勒佛，就能從一定程度上使人的心靈得到寬鬆和解脫。杭州靈隱寺有一幅天下聞名的對聯：“大肚能容容天下難容之事；慈顏常笑笑世上可笑之人”。從中可以體會到一種坦蕩、寬廣和超然的生活態度，這也是人們喜愛佩戴佛像翡翠玉件的主要原因之一。觀音在人們心目中有著神聖的位置，歷史上，佛教在中國雖然受權力左右，為統治階級服務，但另一方面也體現著下層民眾對生存苦難無力地、消極地反抗以及對生命、對生活理想地渴求：他們的理想、願望、審美情趣在多方面同化了來自印度佛教本來的宗教意味及美術造型，如本來為男性的觀音菩薩，便由中國老百姓根據自己的願望

翡翠掛件（觀世音）

造出了和善可親、大慈大悲的母親形象——觀世音。趙朴初在觀賞觀音畫像時，滿懷虔誠和崇敬之心寫了一首《題觀音大士》的詩句：“慧眼婆心降梵天，楊枝淨水灑三千。萬般劫難都消盡，一步人間一白蓮”。簡要地道出了觀音菩薩的端莊智慧、大慈大悲、救苦救難、普渡眾生的佛家形象，所以有的人稱觀音菩薩為“東方的女神”。當前在珠寶消費領域內流傳著“男戴觀音女戴佛”的說法，筆者認為這是一種誤導，沒有什麼道理和根據。因為只要願意，男女老少都可以信奉佛教，沒有性別之分；而根據佛教精神，無論是佛或觀音，其慈悲為懷、普渡眾生，都是針對所有人的。再說，在所有的佛教經典中，沒有任何一篇佛經中有過男人信觀音、女人信佛的規定。所以，如果你喜愛翡翠佛像雕件，則不必有這樣的框框，男女都可以戴佛，也都可以戴觀音。

玉雕大師或工匠的創作活動中，有時以濟公或鍾馗為題材，雕刻出栩栩如生的翡翠擺件或掛件。濟公被世人稱為“濟公活佛”，在佛教中稱其為“降龍羅漢”，相傳生於宋高宗時期，浙江人，俗名李心遠，法名道濟，有時他故意裝成顛僧，又被時人稱為“濟顛”。幽默詼諧、灑脫超然的濟公懲惡揚善、護佑協助弱者，幫助人們實現理想的故事在民間廣為傳頌。鍾馗雖然不是佛門中人，但民間仍將鍾馗當成神或當成佛加以敬奉。鍾馗為進士出身，關於他的傳說和故事在民間也時有耳聞，其中趙忠祥老師題《鍾馗醉酒》的詩句，可以視為很好的概括：“滿腹珠璣，濟世唯正氣。精誠感天地，凜然泣鬼神。堪笑唐王失慧眼，怒走能臣輔闇君”。從中我們可以體會出鍾馗外表雖然算不上帥氣，但腹中錦繡十分了得，難得的是正氣凜然，是打鬼的，是正義和勇猛的化身。在翡翠市場中可經常見到用墨翠雕成的鍾馗的

翡翠掛件（布袋和尚）

形象，具有很大的魅力，不少老百姓認為能鎮驚、驅邪、除惡、防災、護身、化凶為吉，給人帶來好的運氣。

獅子本是佛的坐騎，在佛學中具有護法的含義，於是獅子的形象到了千家萬戶、府衙殿堂。它的造型既威猛又逗人，成為守門袪邪、鎮惡護財的象徵，在翡翠雕件中，也可以看到獅子的圖案。蓮花據記載是佛誕生處，所以佛常常坐在蓮花之上，世間取蓮——連的諧音，寓意能生高貴之人（另一種寓意是為官清廉）。在玉文化中老百姓希望佩戴有蓮花圖案的玉件，能受到佛的關照、連生貴子，這是佛教與百姓生活巧妙結合的證例。另外，與佛教有關的寶塔、香爐、木魚、念珠等等也給翡翠藝術增添了許多獨特的造型。翡翠佛像雕件的豐富內涵，加快了翡翠走向大眾，進入千家萬戶的步伐。

我國法律規定，中國公民對宗教有信仰或不信仰的自由，對於翡翠佛像的藝術性，大家都可欣賞；而對於佛像所蘊涵的佛教內容和由此派生出的民間觀念，消費者可以相信，也可以不必在意。

075 中國有哪些常用的讚美、形容玉的詞語和詩句？

翡翠掛件：龍鳳呈祥
（據《中國寶玉石》總第38期）

人們對翡翠懷有深深的喜好之情，這不僅僅是因為翡翠的美麗所致，這樣的情愫，還來源於中國悠久燦爛的玉文化的潛移默化和影響薰陶。玉石的使用在我國已有數千年的歷史，在古代的眾多藝術品中，製作之認真莫過於玉器；美輪美奐、歷盡滄桑而光彩不改者，莫過於玉器。中國人敬玉、愛玉、贊玉、賞玉、戴玉、藏玉之風曆久不衰，玉在世人心目中有著無比美好的形象、有著非同尋常的分量。

在中國歷史的悠悠進程中，在中國文化的發展、豐富和完善過程中，人們提煉、創造、產生了許多與玉有關的辭彙、成語，語句和詩篇，來表達人們對玉、對美好事物的讚美和珍重。我們從中可發現，凡是用玉來形容的人、事、物、理，都是美好的；用玉組成的詞，都是褒意詞，沒有貶義的詞句。由此可知，中華民族玉文化的產生和發展，是有著深厚的土壤和基礎的，中國人愛玉之風決不是偶然的。現匯集一些常見的、與玉相關的成語，詞句，詩賦等，以供讀者欣賞：

以玉喻人喻情

亭亭玉立，玉貌花容，玉潔冰清，溫潤如玉，懷珠抱玉，如花似玉，美如冠玉，潔身如玉，金相玉質，金玉良言，美玉無瑕，玉昆金友，金聲玉振，香消玉殞，金口玉言，金枝玉葉，金童玉女，憐香惜玉，精金良玉，金麒玉麟，金龍玉鳳，冰心玉壺，金玉其外，敗絮其中。

以玉喻事喻物

玉潤珠圓，玉斧修月，金帛玉珠，玉粒桂薪，金科玉律，蘭摧玉折，金鑄玉雕，玉馬朝周，出玉生金，白玉樓成，金風玉露，玉燕投懷，投瓜報玉，切玉斷金，靈璧護主，玉女香車，金波玉液，金龜玉兔，鑒玉尚質，執玉尚謹，用玉尚慎。

以玉喻理

他山之石，可以攻玉；玉不琢，不成器；艱難困苦，玉汝于成；拋磚引玉，改步改玉，化干戈為玉帛，詆玉為石，寧為玉碎，不為瓦全；荒年谷，豐年玉；君子必佩玉，君子無故，玉不去身；鑒玉顯學識，藏玉見真情，佩玉升情操。

以玉喻景

瓊樓玉宇，金玉滿堂，金馬玉堂，玉樹臨風，噴珠濺玉，金山玉海，玉海碧波，藍田玉暖，紫玉生煙，瑤席玉宮，翠帷玉帳，碧玉生輝。

形容玉的色彩、質地

據《逸論語》："瑳，玉色鮮白也；瑩，五色也；瑛，玉光也；瓊，赤玉也；璿、瑾、瑜，美玉也；璑三彩玉也；玲、瑲、琤，玉聲也"。此外，在《楊慎外集》中，有許多專用詞，對玉的顏色、質地、聲音、光彩等，都有詳細地解釋。讀者若有興趣，可以作些瞭解。

《詩經》中和玉有關的詩句

❶他山之石，可以為錯；他山之石，可以攻玉。（《詩經・小雅・鶴鳴》）

這是《詩經》"鶴鳴"中的詩句。這裏"錯"，作鋒利的琢玉石頭解釋；"攻"作打磨、琢磨解釋。

❷有匪君子，如切如磋，如琢如磨。有匪君子，充耳秀瑩，會弁如星。有匪君子，如金如錫，如圭如璧。（《詩經・衛風・淇奧》）

這是《詩經》的名篇"淇奧"的詩句，"匪"在這裏作"斐"解釋，即有文才的人。詩句解釋為：那文采煥發的君子，如切磋、琢磨後的玉器一般俊美；那文采煥發的君子，耳垂上懸著晶瑩的玉墜，鹿皮帽子上的綴玉如同星光閃爍；那文采煥發的君子，精神如同金錫，品格如同圭璧。

❸淇水在右，泉源在左，巧笑之瑳，佩玉之儺（《詩經・衛風・竹竿》）。

這是《詩經》"竹竿"中的詩句，儺，舉止優雅，行有節度。詩句解釋為：淇水在右邊奔流，泉源在左邊流淌，美人巧笑時露出潔白如玉的牙齒，身上掛著配玉顯得是那樣的婀娜多姿。

❹君子至止，黻衣繡裳，佩玉將將，壽考不忘。（《詩

經・衛風・終南》）。

這是《詩經》“終南”中的詩句，黻（音福）衣：古代黑青相間的禮服。詩句解釋為：來到這裏的那位君子，黑青繡衣瀟灑寬敞，配玉鏗鏘悅耳動聽，祝你永遠長壽安康。

❺有女同行，顏如舜英，將翱將翔，佩玉將將。彼美孟薑，洵美且都。

有女同行，顏如舜英，將翱將翔，佩玉將將。彼美孟薑，德音不忘。（《詩經・鄭風・有女同車》）。

這是《詩經》“有女同車”中的詩句，我們似乎感受到，佩玉的鏗鏘增強了青春的活力，像芙蓉花一樣美麗的姑娘，在這美妙的鏗鏘聲中翩翩起舞。

詩句解釋為：與我同車的那位姑娘，美得如同芙蓉花。身體輕盈得像要翱翔，佩戴的美玉閃爍發光。美麗姑娘複姓孟姜，真是可愛嫻雅不能忘。

與我同車的那位姑娘，美得如同芙蓉花一樣。身體輕盈得像要翱翔，佩戴的美玉閃爍發光。美麗姑娘複姓孟姜，她的德行永不能忘。

❻青青子佩，悠悠我思。縱我不往，子寧不來？挑兮達兮，在城闕兮；一日不見，如三月兮。（《詩經・鄭風・子衿》）

這是《詩經》“子衿”中的詩句，女子等待愛人時的焦急心情，躍然紙上。

詩句解釋為：你贈給我的青青佩玉，牽動著我的悠悠情思，縱然我不能到你那裏去，為什麼你就不能快點來？來來往往一趟接著一趟，我獨自在城樓上眺望。一日見不到你的身影啊，就像過了三個月那樣漫長。

❼我送舅氏，悠悠我思。何以贈之？瓊瑰玉佩。（《詩經·秦風·渭陽》）

這是《詩經》“渭陽”中的詩句，表現的是外甥送別舅父時的情景。

詩句解釋為：我為舅舅送行，常常思念我的娘親，拿什麼贈送他呢？只有美玉才能表達我的心意。

❽丘中有李，彼留之子。彼留之子，貽我佩玖。（《詩經·王風·丘中有麻》）

這是《詩經》“丘中有麻”中的詩句，表達了女子對情人的思念。這裏講留氏之子送的佩玉，成為了女子思念的寄託。

詩句解釋為：山丘中長滿了李樹，李樹留住了我的愛人。李樹留住了我的愛人。他贈我美麗的玉佩表達愛情。

❾知子之來之，雜佩以贈之；知子之順之，雜佩以問之；知子之好之，雜佩以報之。（《詩經·鄭風·女曰雞鳴》）

這是《詩經》“女曰雞鳴”中的詩句，反映了夫妻以玉相贈，互相愛悦的情景。“雜佩”，是當時常用的一種玉佩，用多種玉石串成。

詩句解釋為：知道你對我好，送你玉佩作為紀念；知道你對我很體貼，送你玉佩表達心意；知道你對我恩愛深，送你玉佩以為報。

❿投我以木瓜，報之以瓊琚。匪報也，永以為好也。投我以木桃，報之以瓊瑤。匪報也，永以為好也。投我以木李，報之以瓊玖，匪報也，永以為好也。

這是《詩經》“木瓜”中的詩句，反映了男女相愛，以禮物互相贈答時的心理活動。詩中的“瓊”為赤色玉，泛指美玉，

“琚”是佩玉；“瑤”也是美玉，一說似玉的美石；“玖”，指淺黑色的玉石。

詩句解釋為：你送我以木瓜，我回送你美玉，美玉哪能算報答，願我們永遠相好！你送我以紅桃，我回送你瓊瑤，瓊瑤哪能算報答，但願我們永遠相好啊！你送我以酥李，我回送你瓊玖，瓊玖哪能算報答，只求我們永遠永遠地相好！

常見的與玉有關的詩句、對聯等

❶國運興則玉業旺，國運興則玉運興。——民間諺語

❷每臨滄海覓珠玉，遍借金針繡鳳凰。——對　聯

❸隋珠和璧，明月清風。——對 聯

❹滄海月明珠有淚，藍田日暖玉生煙。——唐・李商隱詩句

❺洛陽親友若相問，一片冰心在玉壺。——唐・王昌齡詩句

❻玉在山而木潤，玉韞石而山輝。——前人句

❼蘭陵美酒鬱金香，玉碗盛來琥珀光。 ——唐・李白詩句

❽贊日之昇月之恒，喜國之瑞玉之祥。—— 對聯

❾葡萄美酒夜光杯，欲飲琵琶馬上催。醉臥沙場君莫笑，古

來征戰幾人回。 ——唐・王翰詩

⑩雲想衣裳花想容，春風拂檻露華濃。若非群玉山頭見，會向瑤台月下逢。 ——唐・李白詩

⑪鳳至金風舞，柳拂玉堂春。——對　聯

⑫知其是玉疑非玉，謂此非真孰為真。——清・乾隆詩句

⑬磊落光明其人如玉，慈祥豈弟與物皆春。

——近代・梁啟超聯

⑭家家抱荊山之玉，人人所握靈蛇之珠。——現代・徐遲句

⑮清思握珠玉，虛懷學古今。——仿于右任聯

⑯淨瓶甘露年年盛，紫竹玉果歲歲青。玉面潔淨清世塵，禪心慈悲渡眾生。 ——袁嘉騏・詠觀世音菩薩

⑰明珠還合浦，寶輝耀東南。——喜慶香港回歸

⑱歷史上的兩首《玉賦》

在歷史上，有不少人為玉作過賦，在這些歌賦中，以唐代仲之元、晉人傅鹹所作的《玉賦》有一定的影響，在此恭錄於下，以供賞析：

《玉賦》一

五色相宣，千名競出。振鶴羽以益鮮，聳雞冠而增煥。

匪蒸栗之足侔，何純漆之能亂！乃堅以守正，妙以通微；烘爐不能易其色，厚地不能蜷瘞其輝。乍騰虹以白氣，或見女以青衣。山林孕之而含鬱，川瀆育之而漣漪。

——唐·仲之元

翡翠項鏈：美的旋律
（據《中國寶玉石》總第38期）

仲之元認為人們對玉顏色的各種比喻，都不足以表達美玉顏色的美麗，玉的美麗是山林川澤孕育的結果，玉是神奇的大自然孕育的精華。

《玉賦》二

萬物資生，玉秉其精，體乾之剛，配天之清。故珍嘉在昔，寶用罔極。夫豈君子之是比，蓋乃王度之所式，其為美也如此！當其潛光荊野，抱璞未理，眾視之以為石，獨見之于卞子，曠千載以遐棄，欻（忽然，音符ㄏㄨ）一朝而見齒，為有國之偉寶，薦神祇於明祀，豈連城之足雲，喜遭遇于知己！知己之不可遇，譬河清之難俟（音ㄙˋ）。既已若此，誰亦泣血而刖趾！

——晉·傅鹹

傅鹹的《玉賦》，以卞和所抱之玉璞比喻人才，千百年來在許多人心中引起強烈地共鳴，玉璞不為世人所知曉，獨有卞和慧眼識寶，歷盡苦難，一片赤誠，終於使荊山之玉成為國寶。詞賦感人肺腑，使人一詠三歎。

在中國悠久的歷史進程中，人們讚美玉、形容玉的詞語、詩句和詩篇美不勝收，可以說還有很多，願筆者的引玉之舉，能引出更多的金玉良言。

076 為什麼說珠寶鑒賞是科學技術與文化藝術的完美結合？

珠寶玉石飾品是具有特殊意義的商品，它們既是物質產品，又是精神產品；既是美化、點綴人們日常生活的裝飾品，更是文化、藝術的載體，人們說珠寶鑒定是一門科學，一門技術，而欣賞寶玉石飾品、雕件則是一種文化，一門藝術，此話不無道理。

對寶玉石飾品——包括首飾、雕件、擺件等的鑒賞，通常具有三個方面的內涵：鑒賞首先強調鑒定、識別及區分等物質的、科技的因素，這方面的因素是基礎，是前提；然後包含欣賞、賞析等屬於寶石學以外的因素，譬如運用美學、歷史、人文地理、文學藝術、宗教哲學、工藝學等知識去綜合理解寶玉石飾品所傳遞、所表述的思想、情感、意境和哲理，並能夠與歷代藝術工匠、藝術大師的心靈溝通，呼吸到創造寶玉石飾品的那個歷史時代的文化、藝術空氣；鑒賞的第三個內涵是綜合、總結：在對寶玉石飾品做出鑒定識別和欣賞、賞析後，對寶玉石飾品（尤其是玉雕飾品）的品質品級、藝術檔次及價值價格做出一個較為合理的評估和評價。

鑒定、識別和區分，要求鑒定者具備紮實的專業知識和豐富的實踐經驗。它要求鑒定者瞭解礦物岩石學方面的相關知識面，熟知結晶學、寶石物理學、寶石化學、色彩學等方面的理論和知識，熟知珠寶玉石的具體成分、元素含量、理化熱磁等指標，熟練掌握鑒定的技能、方法和判定的原則。一般來說鑒定的過程往往是具體的，是看得見，摸得著，可以具體表達出來的東西；而欣賞、賞析則多為抽象（當然，也有形象的、具體的成分）

的，甚至有時是只可意會而難以言傳、難以定量、定形。這些無形的意識和概念不可能在一朝一夕獲得，而必須通過綜合相關知識後，日積月累才能逐步得到，欣賞水準是博採眾長而形成的。一個水準優秀、眼光獨到的鑒賞者，必須是個具有較高綜合素質的人，他不但要具備專業知識和鑒定經驗，而且更須具有綜合應用多學科知識的能力。對於鑒賞玉雕作品的專家來說，瞭解中國乃至世界的社會經濟發展史，瞭解寶玉石文化、玉器史、包括玉器的品種、形制、產地、工藝等；熟悉社會中美學、哲學、宗教、文化和藝術發展演變的歷史過程，以及民情、民俗、民風等方面的知識是重要的；甚至瞭解中國青銅器、陶瓷器、書畫等似乎與玉器雕刻不是一碼事的藝術，都是有必要的。事實上，任何學科，任何文化藝術都不可能獨立地生長，例如中國的玉文化，它從始至今都紮根於整個民族文化和相關學科的沃土之中。對於傳統或現代的文化藝術來說，它們都在一定的條件下受到相關科技、相關文化藝術的影響、滲透並相互促進或補充。寶玉石飾品的構思、設計和加工製作，也必然會或多或少地打上相關文化藝術的烙印。

我們對鑒賞再作進一步的分析，寶玉石飾品的鑒賞，主要由物化與文化兩個方面構成。人們所面對的寶玉石飾品的顏色、質地、光澤、形狀、條紋、款式等內容，以及對寶玉石飾品的物理、化學性質等做出鑒定的過程，屬於“物化”的範疇；而寶玉石飾品，尤其是玉雕飾品中所反映的歷史故事、民間傳說、人物山川、動物植物、吉祥圖案、宗教哲學等等內容，以及由這些內容所體現出的氣質、品格、神韻、情性、意境等，則屬於“文化”的範疇。在實際的鑒賞過程中，鑒賞活動不但要強調鑒定物質的技術，同時也得強調理解文化、欣賞藝術的水準。從欣賞的角度來說，筆者認為欣賞寶玉石飾品的過程可劃分感情性和理性兩個階段：第一個階段——感性階段，這一階段人們主要欣賞物化的東西。人們首先看到、觸摸到、感覺到的是寶玉石飾品的色彩、光澤、造型、款式、質地、紋理，有的飾品還能碰擊出悅耳的聲音或能發出芳香的氣味，這些直觀的、外在的、具體的特徵作用於人的感官，給人以美的享受，使人賞心悅目、心曠神怡。通常，人們欣賞寶玉石飾品的活動不會也不該就此停止，而是繼續深入下去。這樣，便進入了欣賞的第二個階段——理性階段，第二個階段人們主要欣賞、賞析寶玉石飾品的文化思想內涵，在這個階段，欣賞者便注重由表及裏，從外形到精神去審視寶玉石飾品，不但用感官去欣賞，而且用心智去體味、去思考、去聯想、去推理、去比喻、去理解，於是就會逐漸發現包含在寶玉石飾品中的許多看不見、摸不著、聽不到的意境、韻味、品格和情趣，從而悟出其中的精神、寓意、性情等深層次的東西。對於某件具體的寶玉石飾品如翡翠雕件來說，其文化含量的多少、藝術或工藝水準的高低，肯定直接關係到它自身的價值，在鑒賞活動中，人們普遍認為是真石才具有美感，才具有真實價值，因此，鑒定是基礎、是前提；欣賞是提高、是昇華。只有在鑒定正確、欣賞定位準確的前提下，才能合理地對某件玉器的品質檔次做出評價，從而評估出其內在的價值。

綜上所述，我們得出的結論是：對寶玉石飾品的鑒賞，特別是對翡翠、岫玉、軟玉等玉石製品的鑒賞，既是一門科學，又是一門藝術；高水準的珠寶鑒賞活動，必然是科學技術與文化藝術的完美結合，二者不可偏廢。對此結論的解釋，在這裏可引用當

冰種翡翠胸墜
（金玉生輝）

代著名物理學家李政道博士的觀點：科學技術與文化藝術的關係，正如一個硬幣的兩個方面，是不可分割的。科學藝術是同智慧、感情密切相聯繫的，對科學概念的理解和對藝術的美學欣賞都需要應用智慧，而隨後的感覺昇華與人們的情感因素常常是分不開的。沒有情感因素的促進和催化，我們的智慧就不能開創新的道路；而沒有智慧的引導，情感就不能達到正確完美的境界，科學和藝術都源於人類活動最高尚的部分，都追求著深刻性、普遍性、正確性，是人類活動永恆的主題，二者都具有豐富的內涵。

當今，中國正處於一個前所未有的發展時期，經濟的繁榮和時代的進步為越來越多的人們收藏珠寶、投資珠寶創造了良好的條件和氛圍。同時，對珠寶的投資，收藏需要鑒定，更需要鑒賞、評估和引導。展望珠寶行業發展的未來，時代需要珠寶文明不斷地發展，不斷地注入新的意蘊；珠寶界呼喚從事珠寶鑒賞的人們在科學、文化和藝術的良田沃土中成長、成熟。同時，時代的發展也還必然會使更多的人們瞭解珠寶，使用珠寶，欣賞珠寶。

選購篇

077 當今，翡翠製品主要分為哪幾大類？

翡翠製品和其他工藝品一樣，隨著歷史的推進和社會的變遷，不斷地推陳出新，淘汰陳舊的、不適時宜的製品，創造符合人們心理需求和審美情趣的製品，在繼承、創新、淘汰中不斷發展，走向繁榮。

清代常見的許多翡翠製品，如扁方、發簪（婦女頭上的發飾）、帽花、帽正（帽子上的飾品）、翎管（清朝帽頂上插翎子用，翎子是清朝劃分官員品級的標誌）等等，在今天的大眾群體中，已失去了其實際的使用價值，主要是已不為當代人所欣賞。當今，翡翠製品主要分為首飾類、擺件類和佛教文化類三大類別。

翡翠戒指、戒面

首飾類

翡翠首飾的類別很多，但主要有手鐲、戒面、項鏈、耳墜及掛件五大品種。這五大品種中，又以掛件的造型和內容最為豐富。

翡翠掛件造型雖多，但常見的歸納起來有生肖掛件、人物掛件和花件三大系列。

翡翠生肖
（駿馬奔騰）

（1）生肖掛件——傳統的生肖掛件有三種構思方式：一種是僅雕刻某個生肖的圖案，其含義如馬到成功，羊致清和等；第二種不但雕刻上某一生肖，同時加上壽桃，靈芝等吉祥圖案，如玉猴獻桃（壽）、玉兔靈芝等；第三種生肖掛件由兩種生肖圖案構成，如龍鳳呈祥，馬上封侯等。生肖掛件在67問中曾介紹過。

翡翠花件
（喜上眉梢）

（2）人物掛件——傳統的人物掛件主要有兩種類型的圖案，第一類是佛教人物，如最常見的彌勒佛和觀世音菩薩。佛教人物我們已在第74問中談過。第二類則是根據民間故事和傳說中的人物而設計的，如由三人象徵“福祿壽”而組成的“三星佩”，由金童玉女組成的“招財進寶”和“吉祥如意”，刻有神童獻桃的“福壽佩”以及驅邪鎮惡的鍾馗等等。歷史人物關羽，死後被人們當作了神來敬奉（被人們當成門神、佛家的護法神及財神等），他的形象，也會在翡翠人物掛件中出現。

（3）花件——花件在翡翠界僅指用玉料雕琢而成的單面或雙面有各種吉祥圖案、花鳥蟲魚等圖案的掛件（佩件）。翡翠掛件中最生動、最多姿多彩的要數花件，花件中常見的圖形有壽桃、蝙蝠、葫蘆、喜鵲、桂花、蓮花、松、竹、梅、蘭、鶴、魚等等。

此外，玉扣、雞心、吊膽也歸於首飾類掛件的範疇之內。

擺件類

擺件類翡翠製品是指體積較大，不便或不可能佩戴在身，用於陳列或擺設供人觀賞的翡翠雕件。它不包括首飾類中的生肖、人物掛件和花件。

翡翠擺件按內容和題材可分為山水、花卉、人物、器皿和蟲獸五大類別。擺件以精雕細琢為特色，每製作一個擺件都要反復構思，巧妙設計，以做到在擺件上反映一個典故或具有明確的主題，使其成為耐人觀賞的藝術品。

我國的玉雕歷史悠久，內容十分豐富。中國人特有的玉雕工藝，享譽海內外，被世人稱之為“東方奇葩”。

佛教文化類

以佛教內容製作的翡翠製品在市場中佔有相當大的比例，我國奉行宗教信仰自由的政策，所以市場中翡翠佛教飾品隨處可見。佛教題材的翡翠製品主要有彌勒佛、觀音菩薩、濟公活佛、十二生肖的佛家守護神等等。

另外，世人所說的“十八子”（也稱手串），或念珠、數珠，也屬於佛教題材的裝飾用品。念珠（數珠）一般為108粒，是佛門弟子念經時用來記數的。十八子是由18粒圓珠串聯而成，有說十八子為十八羅漢之意，常佩戴可以驅災避邪，逢凶化吉。十八子手串可用翡翠、琥珀等製成，有時也用菩提子串成。市場中的手鏈有不少就是用菩提子或翡翠串制而成。

078 市場上有哪些常見的翡翠品種？

市場中有哪些常見的翡翠品種？這是許多人都感興趣的問題。在此，筆者從實際應用和科普的角度，將幾代專家、行家都在研究、歸納和總結的、市場中常見的翡翠品種，向廣大消費者作一個介紹：

（1）老坑種翡翠：商業界俗稱“老坑玻璃種”，通常具玻璃光澤，其質地細膩純淨無瑕疵，顏色為純正、明亮、濃郁、均勻的翠綠色；老坑種翡翠硬玉晶粒很細，因此，憑肉眼極難見到“翠性”；老坑種翡翠在光的照射下呈半透明一透明狀，是翡翠中的上品或極品。在歷屆珠寶拍賣會或交易會上，其價格屢屢創高，為世人所讚歎。

（2）冰種翡翠：質地與老坑種有相似之處，無色或少色，冰種的特徵是外層表面上光澤很好，半透明至透明，清亮似冰，給人以冰清玉瑩的感覺。若冰種翡翠中有絮花狀或斷斷續續的脈帶狀的藍顏色，則稱這樣的翡翠為“藍花冰”，是冰種翡翠中的一個常見的品種。冰種玉料常用來製作手鐲或掛件。無色的冰種翡翠和“藍花冰”翡翠的價值沒有明顯的高低之分，其實際價格主要取決於人們的喜好。冰種是中上檔或中檔層次的翡翠。

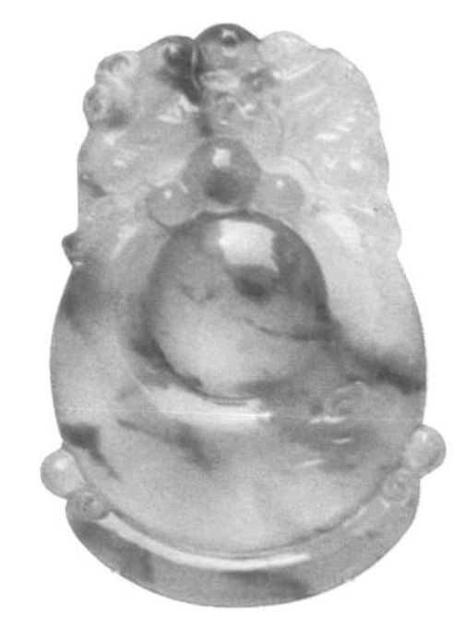

藍花冰翡翠

（3）水種翡翠：其玉質的結構略粗於老坑玻璃種，光澤、透明度也略低於老坑玻璃種而與冰種相似或相當。其特點是通透如水但光澤柔和，細觀其內部結構，可見少許的“波紋”，或有少量暗裂和石紋，偶爾還可見極少的雜質、棉柳。有行家說水種翡翠是色淡或無色的、品質稍差的老坑種翡翠。是翡翠中的中上檔、偶見上檔的一個品種。

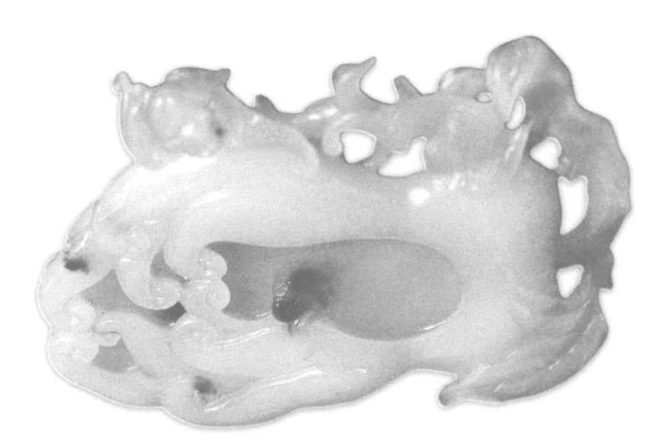
白底青翡翠（昆明福地珠寶提供）

水種翡翠常見四種情況：無色的稱“清水”；具有淺淺的均勻的綠色，則稱“綠水”；具有均勻的、淡淡的藍色，稱之為“藍水”，具有淺而勻的紫色的，稱為“紫水”，市場中的價格以清水、紫水為上，而綠水、藍水次之。

（4）**紫羅蘭翡翠**：這是一種顏色像紫羅蘭花的紫色翡翠，珠寶界又將紫羅蘭色稱為“椿”或“春色”。具有“春色”的翡翠有高、中、低各個檔次，並非是只要是紫羅蘭，就一定值錢、一定是上品，還須結合質地、透明度、工藝製作水準等質量指標進行綜合評價。

翡翠上的紫色一般不深，翡翠界根據紫色色調深淺的不同，將翡翠中的紫色劃分為粉紫、茄紫和藍紫，粉紫通常質地較細，透明度較好，茄紫次之，藍紫再次之。

紫色翡翠在黃光下觀察，會顯得紫色較實際為深，所以應在自然光下觀看為好，對此應予注意。對於這一品種的評價，以透明度好，結構細膩無瑕，粉紫均勻者為佳；若紫色為底，其上帶有綠色，亦很高雅，應為上品。

（5）白底青翡翠：白底青的特點是底白如雪，綠色在白色的底子上顯得很鮮豔，白綠分明。這一品種的翡翠極易識別：綠色在白底上呈斑狀分佈，透明度差，為不透明或微透明；玉件具纖維和細粒鑲嵌結構，但以細粒結構為主；在顯微鏡下觀察（須放大30~40倍），其表面常見孔眼或凹凸不平的結構。該品種多為中檔翡翠，少數綠白分明、綠色豔麗且色形好，色、底非常協調，可達中高檔品品級。

（6）花青翡翠：顏色翠綠呈脈狀分佈，極不規則；質地有粗有細，半透明。其底色為淺綠色或其他顏色。如淺灰色或豆青色，其結構主要為纖維和細粒一中粒結構。花青翡翠的特點是綠色不均。有的較密集，有的較為疏落，色有深也有淺。花青翡翠中還有一種結構只呈粒狀，水感不足，因其結構粗糙，所以透明度往往很差。花青屬中檔或中低檔品級的翡翠。

（7）紅翡：顏色鮮紅或橙紅的翡翠，在市場中很容易見到。紅翡的顏色是硬玉晶體生成後才形成的，系赤鐵礦浸染所致。其特點為亮紅色或深紅色，好的紅翡色佳，具豐玻璃光澤，其透明度為半透明狀，紅翡製品常為中檔或中低檔商品，但也有高檔的紅翡：色澤明麗、質地細膩、非常漂亮，是受人們喜愛的，具有吉慶色彩的翡翠。

（8）黃棕翡：顏色從黃到棕黃或褐黃的翡翠，透明程度較低。這一系列顏色的翡翠製品在市場中隨處可見。它們的顏色也是硬玉晶體生成後才形成，常常分佈於紅色層之上，是由褐鐵礦浸染所致。在市場中，紅翡的價值高於黃翡，黃翡則高於棕黃翡，褐黃翡的價格又次之。但也有因人的喜愛及飾品別具特色而使其價格有別於常規的情況。

（9）**豆種翡翠**：簡稱豆種，是翡翠家族中的一個很常見的品種。其名稱非常形象：豆種的晶體顆粒較大，多呈短柱狀，像粒粒豆子排列於翡翠內部，憑肉眼便可明顯看出這些晶體的分介面。由於晶粒粗糙，所以玉件的外表也難免粗糙，其光澤、透明度往往不佳，翡翠商界稱其“水幹”。豆種在翡翠中屬於中、低檔的品種，價格不高。豆種可細分為粗豆（晶粒大於3mm）、細豆（晶粒小於3mm），糖豆和冰豆等。

（10）**芙蓉種翡翠**：簡稱芙蓉種，這一品種的翡翠一般為淡綠色，不含黃色調，綠得較為清澈、純正，有時其底子略帶粉紅色。它的質地比豆種細，在10倍放大鏡下可以觀察到翡翠內部的粒狀結構，但硬玉晶體顆粒的界線很模糊，其表面具玻璃光澤，透明度介於老坑種與細豆種之間，為半透明狀；其色雖然不濃，但很清雅，雖不夠透，但也不幹，很耐看，屬於中檔或檔次略為偏上的翡翠，在市場中價格適宜，為工薪階層的消費者所鍾愛，稱得上是物美價廉的品種。

（11）**馬牙種翡翠**：其質地雖然較細，但不透明，表面的光澤如同瓷器。馬牙種翡翠多為綠色，仔細觀察底子泛青白色，綠中常常有很細的一絲絲白條，有時可見團塊狀的白棉。馬牙種的價值在當今市場中並不高，屬中檔貨。市場中的玉件多為板指、煙嘴及鼻煙壺等。

（12）**藕粉種翡翠**：其質地細膩如同藕粉，顏色呈淺粉紫紅色（淺春色），是良好的工藝品原料。藕粉種的結構與芙蓉種的結構有點相近，在10倍放大鏡下觀察，可以看到硬玉晶粒，但較芙蓉種為細，且晶粒介面十分模糊。其特點是：玉件通體如藕粉粥一樣細密，淺淺的粉紫紅色常常與翠共生，形成協調的組合。不少翡翠大件常用藕粉種雕成。

廣片

（13）廣片：其特點是在自然光下綠得發暗或發黑，質地較粗水頭較乾。此品種的翡翠在透射光下為高綠，反射光下為墨綠。當將其切成薄片後，則綠得豔麗喜人。曾在我國南方，特別是廣州市一帶盛行，因而得名。現在確切地講，"廣片"是一種翡翠薄片加工的方法，其目的是在加工透明度差、顏色墨綠的翡翠玉料時，巧妙地應用厚薄與顏色、與透明度的關係，當玉料切磨成1毫米左右的薄片時，翡翠顏色中的暗色明顯減弱甚至消失了，而綠色變得突出和濃豔了，透明度也得到了很大的改善。好的廣片用鉑金、白色K金等貴金屬包邊後，顯得高貴而不俗氣，在市場中價格不菲。目前，廣片常用來製作吊牌，胸墜等飾品，受到白領階層的青睞。"廣片"常用幹青（鈉鉻輝石）、鐵龍生等玉料切成。

（14）翠絲種翡翠：這是一種質地、顏色俱佳的翡翠，在市場中屬中高檔次的玉。翠絲種翡翠韌性很好，綠色呈絲狀、筋條狀平行排列。有一種觀點將在淺底上（中）綠色呈脈狀、絲狀分佈的翡翠統稱為翠絲種，筆者覺得不妥。有絲狀綠顏色的不一定就是翠絲種，翠絲種翡翠應同時具備兩個特點：其一，綠色鮮豔，色形呈條狀、絲狀排列成順絲、片絲狀於淺底之中；其二，它的定向結構十分發育，即絲條狀的綠色明顯地朝著某個方向分佈。硬玉晶體呈細纖維狀拉長定向排列，表明是在生長過程中受到強應力的作用，所以玉??

翠絲種翡翠以透明度佳，綠色鮮豔，條帶粗，條帶面積占總體面積比例大的為佳。相反，綠色淺，條帶稀稀落落的玉件品質就低一些，價格也便宜得多了。

在過去的書籍中，將凡是顏色（綠色或黃色）呈絲狀，筋條狀平行排列，同時具有定向結構的翡翠一律稱之為“金絲種”，筆者認為還是將“金絲”和“翠絲”分開，會更加明白，更有利於品種的識別、區分和欣賞；如果在一塊翡翠中同時具有綠色、黃色的細絲或筋條，則可稱其為“金翠種”——具有金絲和翠絲的翡翠。

（15）金絲種：在淺底之中含有黃色的、橙黃色的色形呈條狀，絲狀平行排列且定向結構發育明顯的翡翠，除顏色與翠絲種不同外，其他特徵與翠絲種相同。但通常金絲種翡翠的價格低於翠絲種翡翠。

（16）油青翡翠：簡稱油青種或油浸，其通透度和光澤看起來有油亮感，是市場中隨處可見的中低檔翡翠，常用其製作掛件、手鐲，也有做成戒面的。油青種的綠色明顯不純，含有灰色、藍色的成分，因此較為沉悶，不夠鮮豔。其晶體結構多為纖維狀，比較細膩，其透明度尚可，甚至有透明度比較好的。如果它的顏色較深沉，在翡翠界又稱之為“瓜皮油青”。

（17）巴山玉：“巴山玉”原石是一種晶料粗大、結構疏鬆，水乾、底差的“磚頭料”，但其顏色比較豐富，有淡紫、淺綠、綠或藍灰等顏色，是一種品級較低，含有閃石、鈉長石等礦物的特殊翡翠。由於巴山玉原石雜質多、結構粗、水頭差，要做成裝飾品，就必須經過人工處理。市場中的巴山玉實際上是經酸洗注膠後得到的翡翠B貨。

該品種經人工處理後，色彩鮮豔，透明度好，又被人們稱為“新玉”，是這些年來最為流行的翡翠B貨。巴山玉有四大特點：❶色多，黑色多且塊大，一件飾品上常兼有綠、紫、白色；❷粒粗，結構疏鬆，撞擊時聲音發悶；❸硬度低，巴山玉的硬度常常為6，而大多數的翡翠品種的硬度在6.5 ～7之間；❹重量輕，即密度小，巴山玉的密度低於 3.32g/cm3。但經處理後的巴山玉確實具有不錯的觀賞和實用價值，因價格低廉，比較適合於收入不高的年輕女性佩戴。需要指出的是，巴山玉的結構遭到了破壞，裂紋多，耐久性差，故無收藏價值和保值的可能性。

（18）**乾白種翡翠**：是質地粗、透明度不佳的白色或淺灰白色翡翠。翡翠行家對其的評價是：種粗、水乾、不潤。此品種無色或色淺，憑肉眼即可見到晶粒間的界限，故外表結構粗糙，使用及觀賞價值低，是一個低檔次的翡翠品種。

（19）**墨翠**：初看黑得發亮，很容易使人誤認為是和田玉中的墨玉或其他的黑色寶玉石，但在透射光下觀察，則是呈半透明狀，且黑中透綠，特別是薄片狀的墨翠，在透射光下顏色喜人。緬甸人用“情人的影子”來形容黑色的硬玉，中國人為其取名為“墨翠”。墨翠通常不能算為高檔翡翠，但用其做成具有特殊含義的飾品時，如用墨翠做成的“鍾馗驅邪”一類的掛件、擺件時，價格卻不低。據有關文章報導，目前墨翠在我國臺灣地區消費量較大，常作為男女青年間定情的贈物而價格堅挺。

（20）**鐵龍生**：是一種具有鮮豔綠色，但色調深淺不一，透明度差、結構疏鬆、柱狀晶體呈一定方向排列的中檔翡翠，在市場中經常可以看到。“鐵龍生”取自緬甸語的語音，緬語“鐵龍生”之意為滿綠色。

由於質地粗糙，透明度差，“鐵龍生”價格在市場上不高；又因為顏色好、綠得鮮豔，它又深受消費者歡迎。“鐵龍生”用來做薄葉片、薄水蝴蝶等掛件，效果較好。也有用其做雕花珠子、雕花手鐲等滿綠色的玉件。因為“鐵龍生”綠得濃郁，其薄片做成的裝飾品，具有很高的觀賞和使用價值，如用鉑金鑲嵌的薄形胸花、吊墜，用黃金鑲嵌的鐵龍生飾品，金玉相襯，富麗大方，很受人喜愛。

鈉鉻輝石（乾青）

（21）乾青品種：其特徵是顏色黃綠、深綠至墨綠，帶黑點，常有裂紋，不透明，顯得很幹，簡稱乾青種。乾青種的礦物成分主要是鈉鉻輝石，也含有硬玉等礦物成分。20世紀90年代以前，人們一直將其列為翡翠家族中的一個品種，90年代以後，經珠寶界、地質界的專家學者反復論證和探討，認為乾青種不應再稱為翡翠，而應將其定為一個與翡翠關係密切的玉種。乾青種價值一般，常用其做成擺件或掛件，因長期以來人們的一直將其看成是一個“特殊的翡翠”，故在此作為特例列出。

以上扼要介紹了市場中常見的21個（嚴格來講是20個）翡翠品種的情況，當然，在翡翠這個家族中，還有其他的品種，因在市場中不多見，故不一一贅述。為普及珠寶科技知識，使更多的人們瞭解翡翠，喜愛翡翠，熱愛生活，結合翡翠的產地、性質、品種、品質及真偽鑒別等常識，在此用《翡翠謠》一首，以加深廣大的消費者對翡翠的認識：

緬甸北部密支那，霧露河域產翡翠；
崇山峻嶺野人山，礦區縱橫百餘裏。
紅色為翡綠為翠，高貴翡翠世間稀。
老坑緻密品質高，新坑疏鬆價較低。
老坑無皮顏色淺，綠濃通透質地細。
新坑無皮顏色淺，石質較粗少潤澤。
選購毛料學問深，門外之人莫涉及。
集散之地在雲南，由此源源傳四方。
天然翡翠稱“A貨”，多姿多彩人稱奇。
玻璃光澤質地好，成品敲擊發鋼音。
堅韌程度賽鑽石，摩氏硬度可達七。
雖然百態且千姿，品質分級有規律。
檔次最高老坑種，透如玻璃綠欲滴。
條帶縷縷金翠種，芙蓉色新縝綠底。
晶體較粗是豆種，馬牙品種像磁器。
底似冬雪白底青，帶綠不透色鮮極。
脈狀綠色稱花青，油青帶藍若瓜皮。
鈉鉻輝石是幹青，紫羅蘭受青年喜。
酸洗注膠是“B貨”，染烤熗色俗稱C。
黑藍色塊巴山玉，質嫩多裂膠隱蔽。
鈉長石稱“水沫子”，輕重特徵多對比。
染色石英和玻璃，真假混雜市場裏。
還有許多假冒品，一言難盡各有異。

歷史進步朝前走，品質檢驗為人民。

現代科技照妖鏡，假貨定會現原形。

科技知識廣普及，通靈寶玉放光明。

高明商家意識好，貨真價平善經營。

美玉亦有商品價，陳規陋習不延續。

社會經濟大發展，玉石王國名符實。

079 購買翡翠飾品時，應注意哪些問題？

珠寶玉石是特殊商品，能買到放心如意、貨價相稱的翡翠玉件，是每一個消費者的共同願望。為此，在購買翡翠飾品，特別是高檔物品時，我們應該注意一些相關的問題。

首先，要瞭解必要的常識，具備一定的觀賞能力，對所購物品的行情、品級、真偽有個最起碼的瞭解，做到心中有數。購買時，最好到經營規範、信譽佳、形象好的珠寶店選購物品。購買前要仔細觀察翡翠飾品的特徵，查看其商品標識和品質標識，要相信自己的眼力，不要輕信賣主的宣傳，要反復比較，不急於成交。

其次，關於珠寶玉石的標價問題，國內的珠寶玉石定價有相當一部分實行高標價，而成交價較低。在翡翠飾品的交易中，沒有統一的價格標準，賣主常常標出高價，買主也可壓得很低還價。一般情況下，解決了溫飽後的人們，既追求物質，又需要精神上的享受，因此，對翡翠的消費呈上升的勢態。由於幾百年來不斷採掘，種、色、水、底等條件俱佳的寶石級翡翠越來越少，而消費群體卻在不斷增大，所以投資翡翠不一定非得具高翠的“帝王玉”，只要種質好、能透出翡翠特有的靈氣，就可以適當投資。如用純淨無瑕的“冰底”翡翠雕成的掛件，在很多地區就受到人們的歡迎。種質較佳，能達到“冰底”以上，構思新穎、雕工精良的飾品，就可投資，若兼有顏色則更好。值得注意的是，投資前要把握好購進的價格。此外，投資是一項中、長期項目，要希望短期見效一般不大容易。

第三，對於中、高檔的翡翠飾品，如價格在三五千元以上的翡翠飾品，購物時要向商家索取鑒定證書、品質檢驗合格證書或商家的品質保證書，應瞭解飾品的真實情況及品級檔次。評價翡翠品級高低最重要的指標是顏色，對顏色的觀察和評價最好在明亮的、背陰的自然光下進行，在室內的普通燈光下，尤其是在透射光下觀察到的顏色，往往失真，顯得比本來色澤好，容易看錯或走眼。但透射光下有助於發現翡翠飾品內部的裂紋、雜質等缺陷，所以燈下觀察亦必不可少。

目前，有些珠寶店中同時銷售天然翡翠飾品（A貨）和翡翠（處理）飾品。翡翠（處理）即商業界俗稱的“B貨”、“C貨”或“B+C”貨。對於B、C、（B+C）翡翠，國家雖未禁止銷售，但要求經營者標注清楚，並一定要向消費者説明“處理”的具體含義。對於外觀、色澤和大小相近的同類翡翠製品，天然翡翠的價值肯定要遠遠高於翡翠（處理）製品。

總之，在購買翡翠飾品，特別是上了檔次的貴重品時，要事先瞭解常識，要到可靠的商店購買，要防止以假充真，以次充好，要有第三方珠寶玉石品質檢驗機構的鑒定證書或品質檢驗報告，要有商家的正規發票和品質保證卡。具體選購時，可參考行家總結的“八大要訣”：一看，看顏色，看種水、看裂紋、看瑕

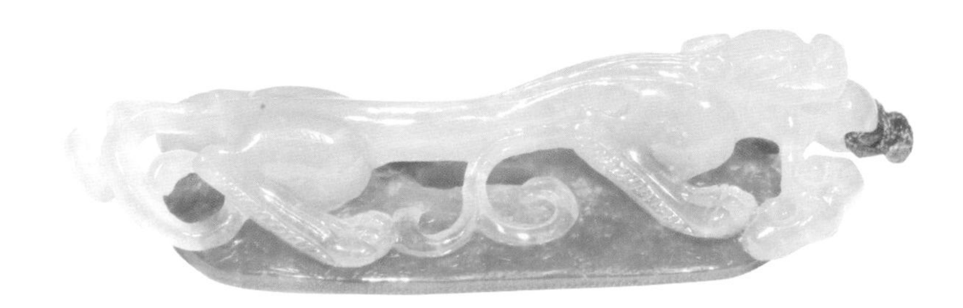

疵、看琢磨工藝；二試，手試重，耳試音，臉試溫；三問，問清品種、名稱，分清天然品、優化處理品、假冒品、人工拼合品；四辨，辨別真假品質好壞，確定品種、質地、顏色是否真實；五比，貨比三家，貨比貨，比品質、比工藝、比價格；六定，因為稱心如意的寶玉難求，所以看好後，下決心買定；七談，不同的貨值不同的價，貨真價實，按質論價；八據，有據在手，心中不愁。

080 能否購買經過處理的翡翠？

前面談過，經處理的翡翠一般有兩種類型：第一類是經強酸漂洗，注膠充填處理的翡翠，即商業界俗稱的“翡翠B貨”；第二類是染色處理的翡翠，其顏色是人為地加入、加深的翡翠，即商業界俗稱的“翡翠C貨”。當然還有一、二類處理翡翠的混合物，商業界稱其為“B+C貨”。

翡翠經處理後，在一定程度上和一定時間內使玉件的晶瑩感、透明度和美觀程度都得到了改善，使其具有一定的觀賞價值，有的甚至是比較好的觀賞價值。對於收入有限的工薪階層來說，從經濟實用的角度考慮，可以購買經過處理的翡翠，但有兩條必須引起注意：一是商家應標明並說明處理翡翠的真實情況，第二是處理過的翡翠的價格應遠低於相似大小，相似外觀的天然翡翠的價格。

具體說來，在選擇翡翠玉件時，是購買A貨，B貨還是C貨？則要根據自己的經濟狀況，欣賞標準和使用情況等因素來決定。通常，若是經濟寬裕，玉件是用於長久保存或是饋贈親友，應以購買純天然翡翠玉件（A貨）為宜；若是經濟條件有限，玉件是自己使用，不妨也可以購買經過處理的翡翠，如“巴山玉”一類，但作為禮物贈送親友的翡翠決不要用處理過的翡翠。否則，可能會使接受禮物者產生一種受矇騙、受愚弄的不舒服的感覺。

081 怎樣選擇不同風格、類型的翡翠手鐲？

在各種各樣的翡翠飾品中，翡翠手鐲是最常見、適用面最廣，深受消費者青睞的裝飾品。生活中，青壯年、小孩、老人都可以戴手鐲。根據自己的手形、手腕的粗細來選擇尺寸大小相宜的手鐲，這是每個人都注意到的，也不難做到的事。消費者在購買翡翠手鐲前，除了要考慮手鐲的品質高低（包括色、種、水、底、瑕疵等因素）、尺寸大小外，還應充分考慮到手鐲的風格、式樣須與自己的年齡、性格、職業等因素相適宜。這樣，才能做到人與物的和諧統一，使物有所值，物得其主，人更精神。

翡翠手鐲因其形狀簡單，所以筆者將市場中最常見的歸納為如下4種風格和類型：

（1）傳統、大方型——傳統工藝製作的圓形、粗圓條手鐲，用料低、中、高檔皆有，相當一部分為緬甸、雲南等地加工。戴上後給人一種端莊、大方、成熟的感覺，一般適合於性格穩健、持重，家境康寧的中、老年婦女使用。

（2）時尚、靚麗型——多為廣東、廣西等地製作，用料低、中、高檔皆有，而以中檔偏高的料為多。圓形扁圈條或圓形細圓圈條。戴上後給人一種富有青春朝氣、靈麗、明快的感覺，頗具現代感、時尚感，多適合於年輕人、中年人使用。

（3）高雅、別緻型——多為廣東、臺灣等地加工，用料以中、高檔居多。橢圓形、扁圈條。戴橢圓扁圈條手鐲給人一種高雅、秀美、別致和有涵養的感覺，通常適合於文化層次較高、性格文雅的中、青年女性使用。

（4）富麗、豪華型——多為港、台、廣東等地加工，用料中至高檔。圓形、橢圓形均有，扁或圓圈條，常見手鐲外圈雕花，雕吉祥圖案或福、壽、龍、鳳等圖案、字形，戴上這種手鐲有一種富貴、豪華、精美的氣派。典型的富貴、豪華型的手鐲有“三色鐲”和“四色鐲”。三色鐲是指在同一只翡翠手鐲上，具有3種不同的顏色。三色鐲又分為兩種情況：第一種是由紫羅蘭（或紅翡）、翠綠色和白色組成，人們稱之為“福祿壽”；第二種是由白色、紅色和黑色3種顏色組成，被人們稱為“劉關張”。四色鐲是在同一只翡翠玉鐲上，具有紫（椿）、綠、白和紅（翡）4種顏色，在民間這4種顏色分別寄意“福祿壽禧”。據説，能戴上這種罕見的翡翠手鐲的人是幸福美滿的。因此，一隻同時具有四種顏色，且種、水俱佳的翡翠手鐲，其售價可高達幾萬元甚至幾十萬元。另外，如果一隻手鐲上具有五種以上的漂亮顏色，則稱為“五彩鐲”，“五彩鐲”非常難得且更加富麗昂貴。富麗豪華型的手鐲，通常適合於中年以上的、富有階層的女士使用。富麗豪華型手鐲還是珠寶收藏家的首選物品。

除了上述4種風格、類型的手鐲外，市場中還有其他形狀的手鐲，方圓形手鐲、內圓而外呈多角形手鐲等。但這些形狀的手鐲屬特形手鐲，因人而異，各有所好，難有固定的準則。但所購之物應與自己的年齡、性格、職業等情況相協調、相符合，才能產生美的效果。

082 選購翡翠手鐲時，應留意哪些具體問題？

前面我們談如何根據自身的年齡、性格、職業等實際情況，選擇不同風格和類型的手鐲，這是購物前的一個自身定位和方向選擇問題，是大的方面。現在我們再談談選購手鐲時的一些較為具體、細緻的問題。

選購手鐲是一件細緻而又較為複雜的事，必須眼明心細，認真對待。否則也會留下遺憾，造成損失，花錢買煩惱。根據商業經驗和前人的總結歸納，應該注意下列幾點：

（1）要認真觀察手鐲是否有裂紋（主要指原料開採及加工等過程中造成的裂紋），察明裂紋的大小及裂紋對外觀、對手鐲使用壽命的影響程度。裂紋有橫紋和縱紋。橫紋對外觀品質影響較大，且易在外力撞擊時產生斷裂。縱紋除影響外觀外，對使用壽命也會有不同程度的影響。因此，要在燈光下對每個手鐲的正面、反面、內側和外側作全面的詳細觀察。及時發現毛病，以便按質論價，決定取捨。

（2）要正確區別手鐲上的玉紋（石紋）和裂紋，玉紋（石紋）對外觀有一定的影響，對堅固性——使用壽命影響很小。

（3）要找出手鐲外部、內部存在的瑕疵，如黑點、黃斑、白色“石花”等；同時，也要注意手鐲的形狀是否很圓（或是否橢得標準），條徑的粗細是否均勻一致，拋光是否良好等。

（4）要注意手鐲圈口的大小和條徑粗細是否符合自己的需要，這與購買者的骨骼大小、胖瘦程度和年齡有關，如個高、偏胖或中老年人喜歡粗一些的條徑，而個小、偏瘦或年輕人戴條徑較細的手鐲。

（5）特別要注意欲購之物是否是一隻斷裂後再經人工黏接起來的手鐲。這樣的情況雖然極少，但市場中確實存在。筆者在商場內從事珠寶玉器的品質監督檢查工作時，就曾兩度發現過斷後黏接如初的翡翠手鐲。手鐲掉在地上摔為數段後，仍可通過精良的黏接工藝，使之黏接成一完整的圓（橢）環形。這樣的手鐲最初一看不明顯，但仔細觀察，可發現條徑粗細不勻，尤其是介面處可比其他地方粗一些。介面周圍或整只手鐲的外表常塗有一層很薄的、顏色與手鐲一致的膠料，以隱藏其經過黏接的真相。對於斷後再黏接起來的手鐲。只要認真觀察，不難發現破綻。

（6）注意商品的標識和鑒定證書（或檢查合格證）。若標明為“翡翠手鐲”，則表示天然翡翠，若標明為“翡翠手鐲（處理）”，則是注膠（B貨）或染色（C貨）翡翠，天然真品與經過人工處理的翡翠價格差別很大。

歸納上述內容，在選購翡翠手鐲的具體過程要注意的是：先查裂紋防致命，瑕疵應少工要精，大小不符難成交，嚴防殘次假冒品。對翡翠知識不多的，牢記“看證書購買”，公正的檢驗機構僅對天然無品質問題的翡翠飾品出具檢驗（鑒定）證書。

083 怎樣正確對待翡翠玉件上的玉紋和裂紋？

上面談到在具體選購翡翠手鐲時要“先查裂紋防致命”，這句話主要包含兩層意思：其一，查看有無裂紋，若有裂紋，可根據裂紋的大小和多少與賣主按質論價或決定取捨；其二，若存在影響堅固性、影響使用壽命的裂紋——可造成今後使用過程中斷裂的裂紋，則不能購買。但對於珠寶玉石中存在裂紋的現象，我們應正確對待。珠寶商界有一句口頭禪：“十寶九裂，無紋不成玉”，意思是說，完全沒有裂紋的寶石、玉石很少。因此，在選購翡翠手鐲時，一方面要認真觀察，另外一方面是不過分地挑剔。因為十分完美的玉鐲很少，即使有完美的物品，其價格肯定會高一些，甚至會高得很多。對於一些細小的，遠處看、憑肉眼或十倍放大鏡難以看出的裂紋一類毛病，可以不在意，只要大的方面過得去，自己稱心就行了。否則，要麼就是買不到中意的手鐲，要麼就是買到手鐲後，不知哪一天又發現手鐲中存在裂紋，心態不平衡感到煩惱。

玉紋（石紋）和裂紋，對玉件品質的影響程度是不相同的。玉紋（石紋）看上去是線狀或線條狀，其顏色和周圍的材料的顏色不一樣，但紋線之處沒有縫隙，玉紋（石紋）是在玉石形成、生長過程中，由於後期地質作用原因，使原破碎玉石癒合而形成的，它對玉器的耐用度、堅固程度幾乎沒有影響，僅對玉件的外觀有影響；而裂紋則是另外一回事，它更多的是在玉石形成後又受地質作用的影響產生的裂縫或在玉石開採、運輸、加工或保管等過程中，因受外力作用如爆炸、敲打、撞擊或震動等而形成的裂隙，這些裂隙常具有明顯的裂縫、裂口，甚至用手摸、用指甲輕輕地刮都感覺出來。裂紋多且明顯的翡翠玉件，經濟價值很低。另有一些裂紋可以看得見，但摸不著，裂紋的顏色通常為黑色或黃褐色。裂紋多的手鐲，雖然不至於在較短的時間內斷開，但卻潛伏著容易損壞的危險，尤其是影響美觀，使人產生一種不完美、不愉快的感覺，裂紋多且明顯的玉件，要麼是價格很低，要麼是在市場中很難銷售出去。

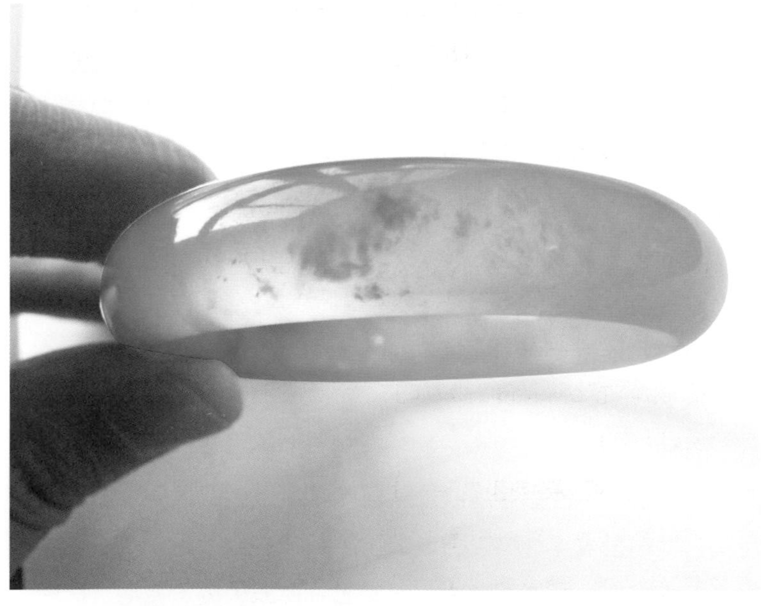

高雅完美的手鐲，價格高於一般手鐲十幾倍甚至更多

084 市場上有哪些類型的戒指？

戒指是人們日常生活中極為常見的裝飾品，戒指的起源及款式的變化貫穿于人類的文明發展史中，對於戒指的含義，有著較多的傳説和不少文獻記載，而作為消費者，人們只能從美觀、實用的角度出發，更關心的是戒指有些什麼樣的類型和款式，自己買到戒指後怎樣佩戴它才算得體。

戒指的款式五花八門，多不勝數，但歸納起來主要可分為五大類，即文字戒、鑲嵌戒、婚戒（夫妻戒）、光戒和花戒。

（1）文字戒：我國清代有文字戒，如戒指上有“福”、“祿”、“壽”、“禧”、“發”、“如意”等字樣。類似的文字戒在古代歐洲被稱為簽名戒，戒指的戒面又寬又大，刻有主人的姓氏或姓名字母的簡寫，有的並有徽紋（家族徽號）。印章戒亦屬於此類。古代的伊斯蘭文字戒指，一種是在水晶、光玉髓、青金石和密蠟等寶石上鐫刻上自己的姓名；另一類是在戒面上或寬面的指圈上，刻有向阿拉伯神祈禱的禱文或讚美文字，文字的大意是求神庇助，以獲得好運和吉祥。這類文字戒與宗教和民族信仰關聯密切。

在戒指的發展過程中，在流行鴛鴦戒指的同一時代，還流行著一種詩文戒指，這是一種典型的文字戒，被稱為“詩文戒”。男子把鮮花和這種戒指一起獻給自己心愛的女子，以表達心意。刻在戒指上的詩句，不僅有表達愛情，還有表達友情和敬意的，也有的是刻上聖經中的一些句子，以示祝福。這種戒指一般是作為生日禮物餽贈親友，在戒指上刻有格言、吉祥詞句的習俗，中外皆有。

（2）**鑲嵌戒**：以金、鉑、銀等金屬為戒托，鑲上各類寶石的戒指，稱為鑲嵌戒。早在17世紀，歐洲人便從皇冠上鑲寶石得到啟發，開始在結婚戒指上鑲寶石。鑲嵌戒指在當今已經十分常見，但在過去卻是特權階層的專利，普通人不得佩戴。在英國亨利二世時代，許多權貴將對方的肖像鐫刻於戒面上，相互贈送，以增進友情。18世紀，歐洲人喜愛用光玉髓雕刻肖像，作為戒面。到了20世紀，在歐洲大陸流行“裝飾藝術”時期，則更加注重戒面和戒指整體款式的設計。時至今日，以鑽石、翡翠、紅寶石、藍寶石、碧璽、祖母綠等等各種寶石鑲嵌而成的戒指，在珠寶市場中隨處可見。其實，如今的嵌鑲戒已包容了諸如文字戒、婚戒、花戒等各種形式，綜合使用了許多裝飾手段。這種裝飾概念的延展得益于文化的發展、經濟水準的增長和鑲嵌工藝的進步。

（3）**婚戒（夫妻戒）**：結婚時贈送戒指，已有悠久的歷史，古羅馬是男士最早贈送戒指給自己心愛的人，作為求婚之用的地方。當時這類戒指是用鐵制的，戒面圖案中的一男一女右手互相緊握。後來，他們用黃金或中低檔寶石，鑄成或雕刻成浮雕，通常，上有希臘文字“OMONIA”，意思為：和諧。

這個習俗及互信的象徵到20世紀時重新受到人們的重視。在法國，戒指上以“bonne foi”表示；在義大利，戒指上則用“fede"一字代替。在以後的700多年，此習俗沿襲不衰。後來，有些戒指上的圖案是相互扭在一起的鋼纜，編織成辮狀，或者為同心結，這些都象徵著婚姻的牢固和男女雙方的不可分離。歐洲人相信，戒指能使兩個相愛的個體一脈相通，當時最典型的戒指是用浮雕刻出一對夫妻站在一起，面對基督接受祝福。那時的結婚戒指宗教氣息濃厚，戒指在婚姻儀式中佔有很重要的位置。受西方習俗的影響，我國的青年男女在相愛定情或結婚時，男方送女方戒指，或長輩贈晚輩戒指的習俗，一直在民間流傳。

（4）光戒：又稱天元戒，無任何花紋、圖案和鑲嵌，多由手工或機械錘打而成。光戒的使用不分男婦老幼，在生活中隨處可見。

（5）花戒：又稱為花絲戒或纏絲戒，其上面的圖案有同心結或十二生肖等等，各具特色。其中以蛇蝶為設計主題的最有特點：盤卷的蛇纏繞著手指，代表著神聖和永恆。持這種觀念者主要是受古埃及人的影響，古代埃及人崇拜蛇，埃及皇后的頭飾多以蛇為主題。19世紀的蛇形戒指造型並不恐怖，反而怪趣可愛，多以黃金、紅寶石、藍寶石，祖母綠和燒琺瑯等組成別致的圖案，線條優美，色澤鮮豔，煞是可愛。

花朵和蝴蝶象徵美麗的生命旋律，展示璀璨、輕盈及和諧之意。19世紀時期的戒指上常見的植物有“勿忘我”、“常春藤”等，象徵愛情不斷成長和纏繞心間，代表堅貞和信守不渝。其中有一類是用寶石鑲砌成一朵鮮花，上面伏著一隻蝴蝶。成雙的蝴蝶比喻男女二人精神和形體的融合，中國人也有這樣的觀念，如中國著名的民間故事梁山伯與祝英台中的“化蝶”。歐洲人認為蝴蝶是“靈神”的標誌，所以，在歐洲的花戒中常有蛇與蝴蝶結成在一起的造型。

085 怎樣選購翡翠戒指和戒面？

翡翠戒指是指整個戒指都是用一塊翡翠製作而成的飾品（戒指環和戒面為一體）；戒面是指鑲嵌在戒指環架（多為金鉑等貴金屬材料）頂端的翡翠飾物。

選購翡翠戒指時要注意的問題

馬鞍形戒指：首先注意觀察戒指四周有無裂紋、瑕疵，是否經過"處理"；再看馬鞍上的綠色或紅色是否純正美觀，是全綠還是全紅，如屬局部綠或紅，其色應位於戒指頂部的中央而不偏斜；然後試戴，看其大小是否合適；最後看整個戒指的工藝是否良好，內外拋光情況等。

圓形戒指：翡翠戒指為一簡練的圓圈，選購時首先觀察玉質是否通透潤澤，顏色怎樣，再看有無裂紋瑕疵；然後試戴以知其大小是否合適；最後看工藝是否精良。

選購戒面時，要注意的問題

蛋形戒面：多為女士佩戴，常見的形狀有橢圓形和圓形戒面，造型要美觀，比例應協調，厚度要大一些（呈半個蛋般的單面凸起），而不宜像鐵餅一樣扁平，顏色結構及光澤等品質指標要好。注意，反面應無裂紋和瑕疵。

馬鞍形戒面：多為男士佩，造型要美觀，長寬比例看上去要協調，同時不宜太薄，色、種、水等品質指標要好，最好為全翠綠，正反面檢查無裂紋、無瑕疵。

長方形戒面：多為男士佩戴，造型要美觀大方，長、寬、厚的比例應協調，其他同蛋形與馬鞍形戒面。

橄欖形戒面：一般為女士佩戴，造型要精美，長、寬、厚比例要協調，無裂紋與瑕疵，其他同上。

在翡翠飾品中，戒指和戒面雖小，但對用料的要求卻很高。特別是一顆小小的戒面，要求玉料的顏色要綠得飽滿、均勻、純正，要求其質地要細膩，透明度良好，無裂紋與瑕疵，做工要精良，這樣戴起來才能體現出翡翠的高貴與典雅。所以有時一顆很小的戒面，其價值卻遠遠高於比其體積大得多的手鐲及掛件一類飾品。而特別應強調的是：正因為一顆小小戒面可賣出高價，所以在戒面上做假的情況就相對多一些，如鍍膜、注膠、染色、拼合石等，其作假的手段很隱蔽、很高超；還由於戒面體積較小，對其真偽的識別、判斷就相對困難一些。在此提醒消費者，當購買翡翠戒指或戒面時，特別是價值較高的翡翠戒面時，一定要到有信譽、經營規範的珠寶店中購買，一定要有檢驗合格的品質證書或標識，要有商家的品質保證卡。

086 怎樣佩戴戒指？戒指指圈的尺寸是怎樣規定的？

相互贈送戒指是一種傳統的表達心意、表達愛意的方式，如鑽石戒指因為象徵永恆、堅貞和成功，自15世紀以來便成為人們結婚時互贈禮品的理想選擇，如歐洲的許多國家都盛行在結婚典禮上互贈新婚戒指。隨著我國人民生活水準的不斷提高，人們對如何美化自己也日益重視，不論男女老少，佩戴戒指的人日益增多，佩戴戒指的含義也已遠遠超出婚戀定情的範疇。戒指的款式千姿百態，當我們進入珠寶店，各種各樣的戒指琳琅滿目，戒指已成為人們美化生活、顯示成功的重要裝飾品了。作為現代人，我們有必要瞭解關於佩戴戒指方面的常識。

佩戴戒指的常規

在古代，戒指的佩戴有等級之分，但佩戴方式和數量並無規定可循，這與今天人們所賦予戒指的各種不同佩戴內涵有較大不同。當今，如何佩戴戒指，在國際上有一種約定俗成的習慣，一般來說，五個手指所佩戴戒指的寓意為：盼、求、尋、結、孤獨。戒指通常不戴在拇指上，若戴在拇指上，這是一種“酷”極的戴法，表示強烈希望有人追求自己或自己追求意中人，或自己是一個地位非常顯赫的人,極個別名人曾這樣戴過，如果你自認為只是一個普通人的話，最好不必嘗試。

戴在食指上，表示其人已有情人，想結婚但尚未結婚，或正在熱戀之中把造型獨特的戒指戴在食指上的女性，會給人一種很有個性的感覺。

戴在中指上，表示其人未婚，想尋求意中人，或正在熱戀之中。這是未婚者一種相當正式的戴法，如果你的中指又長又美，戴上一枚戒指定會使你增色不少。

戴在無名指上，表示其人已婚或已經訂婚，這也是最普遍的佩戴方式。在英國1594年的禱告書中作了明文規定：新婚戒指應戴在無名指上、並稱左手無名指為戴戒指的手指。特別要提醒已婚男女們，在時尚高雅的社交場合最好要佩戴結婚戒指，這是對婚姻的尊重，也可免去許多不必要的麻煩。

戴在小指上，表示其人決心過獨身生活。據說少女在特定的場合將戒指戴在小指上可防小人。

上述含義雖是習俗，也絕非法律規定的條文，不一定得嚴格遵守。但是，若不瞭解這些戴戒指的規則和常識，隨意亂戴，輕則可能會鬧出笑話，嚴重時甚至會造成悲劇！因為即便是戴者無意，而觀者卻可能有心。試想，如果有一位有兒有女的女士，將戒指戴在中指上，有人會以為她想尋求意中人，這豈不會引起一番笑話或誤解！又如一位青春年華的少女，誤將戒指戴在無名指或小指上，以致使異性產生錯誤的理解，不敢問津，敬而遠之，這豈不錯過了美好姻緣而造成終身遺憾了嗎？

應該強調的是，在中國，一般習慣將戒指戴在左手的無名指上，因為左手的無名指在勞動、 工作中不常使用，戴在左手無名指上的戒指，被磨損的可能性最小，佩戴起來也最方便。此外，在我國民間似乎並不太注意戒指戴在哪個手指上的含義。不過，在對外交往，尤其有國際友人在身邊時，還是應該瞭解國際上的習慣，注意一下自己佩戴戒指的方式為宜。

關於戒指指圈的尺寸

戒指的指圈又稱“手寸”、“指寸”。手寸的大小是人們選擇，戒指的一個依據。每個人手指的粗細不同，在購買戒指時，手指的粗細應該與戒指指圈的直徑基本吻合。我國國家標準中規定了戒指指圈——即手寸的尺寸系列。我國現行的手寸是以號來表示的，最小為5號，最大為35號。普通人常用的範圍在8～28號之間，號與戒指指圈直徑的對應關係見表。

手寸號與指圈直徑對應表

手寸號	指圈直徑	手寸號	指圈直徑	手寸號	指圈直徑
8	15.2	15	17.3	22	19.6
9	15.5	16	17.6	23	20
10	15.7	17	18	24	20.3
11	16.0	18	18.3	25	20.5
12	16.4	19	18.6	26	20.8
13	16.7	20	18.9	27	21.1
14	17	21	19.2	28	21.5

因為人手指的胖瘦程度不同，指肌與戒指指圈佩戴時肌肉的彈性程度也不同，因此上表對於消費者來説僅有參考作用。最好在具體試戴的過程中，去找準感覺，選定合適的手寸號。在經營首飾的商場裏，還有一種專門用來測量戒指內圈直徑（指圈直徑）的上細下粗、圓臺形的測量棒。人們選定了合適的戒指時，可使用測量棒測一下，便可知道手寸號。這樣，以後購買戒指時，就可以心中有數了。

087 怎樣佩戴項鏈？

項鏈所處的部位在額下胸前，是人的身體最明顯的地方。因此，在珠寶首飾中，項鏈、戒指和耳環被稱為“三大件”，而在人們心目中，項鏈又為“三大件”的核心。佩戴項鏈，必須注意款式對路、尺寸適度，這樣才能突出佩戴者的氣質、個性、修養與風韻，減少或彌補一個人臉形或脖頸的某些不足，創造出人所需要的，意料之中的良好的效果。

有專家認為，通常女青年佩戴項鏈的目的主要是增添青春美和靈秀之氣，宜戴比較纖細的無寶石金鏈（含K金鏈），鉑金項鏈、銀項鏈等，它會給人以年輕、秀麗的感覺；對於中、老年婦女來說，佩戴項鏈，除裝飾體態美之外，還有表示成熟，體現雍容華貴之意，因而不宜佩戴太細的項鏈，而以佩戴粗一些的項鏈為佳。

對於一般的人，從視覺上來說，短項鏈可使人感到臉變寬，脖子變粗。所以，臉和脖子偏長的女性，尤其適宜佩戴短項鏈。有些脖子偏長的女士，以為佩戴多串項鏈可以達到使脖子變粗的效果，然而實際上正好相反，這樣的打扮反而使長瘦的脖子更加顯眼。方形臉、脖子短的女士宜佩戴稍長一些的項鏈，相配穿著領口大一些，低一點的上衣，使項鏈充分顯露出來，使別人產生脖子變長的視覺印象，從而增加美感。

對於膚色白皙的女性，則既可佩戴淺色寶石項鏈（如珍珠、淺紅色瑪瑙項鏈等），也可以佩戴顏色較深的寶石項鏈（如紫水晶、澳洲玉、藍瑪瑙項鏈等），以陪襯產生鮮明的對比；更襯托出白淨的膚色，優雅的氣質；如果是膚色稍黑的女性，可選擇咖啡色、深米黃色的寶石項鏈（如茶晶、黃晶項鏈等），這樣可起到“淡化”膚色的作用，增添健康美。

對於身材修長，體態輕盈的女性，應選擇寶石顆粒較小，長度稍長的項鏈；對於體態豐腴的女性，宜佩戴顏色較淺，而顆粒較大的寶石項鏈。這如同穿衣服的道理一樣，體態胖一些的人，穿寬鬆一點的衣服，反而不顯胖。

珠寶項鏈色彩斑斕，晶瑩華貴，具有強烈的裝飾效果。佩戴翡翠項鏈，顯得高雅、平和。佩戴珠寶首飾，重要的是質而不是量。若是佩戴過多的首飾，不但不能以珠光寶氣來吸引人，反而會給人一種庸俗的感覺。裝飾和點綴的目的是為了增強氣質、增添美感，若是裝飾品堆砌，利用裝飾來炫耀，反而會得到相反的效果：化美為醜、弄巧成拙。如果要佩戴體積較大的珠寶首飾，注意不要選擇那些材質低檔、工藝水準不高的粗製濫造品，而要選質地精良、工藝水準好的精品。這樣，戴一件便足以取得上佳的效果，足以吸引羨慕和欣賞的目光。

翡翠項鏈

088 怎樣佩戴耳環、耳釘？

耳環又稱“耳墜”，是人們戴在耳垂上的環形裝飾品，可用金、銀、珍珠、翡翠及各種寶石等多種材料製作或鑲嵌而成；耳釘則是戴在耳上的非環形的裝飾品，一般比耳環小。

佩戴耳環、耳釘的由來，說法各異。有人認為它最早源於北方民族用於禦寒防風的金屬耳套，但比較可信的有兩種說法，第一種認為耳環、耳釘的出現,是人們對美的追求所產生的;另一種說法是，耳環、耳釘最初是用於醫療治病的目的而出現的。第一種說法很好理解，不言而喻；第二種說法從現代醫學的角度講，也有一定道理，因為佩戴耳環、耳釘的耳垂的部位，恰是眼部的穴位。由此可知，佩戴耳環、耳釘，對保護視力、防治眼病，特別是預防和治療近視，是有一定輔助作用的。

耳環、耳釘戴於臉部的左右兩側，而人的臉部是最引人注目的，所以耳環、耳釘佩戴得是否得體，十分重要。可以說，耳環、耳釘佩戴得當，可使女性的容顏變得秀美，起到錦上添花的作用；否則，會使原本俏美的臉龐受到影響，更有甚者，會使人產生俗不可耐的感覺。因此，首飾行業的專家建議每一位準備佩戴耳環、耳釘的女性，不論你的審美情趣如何，藝術修養怎樣，在佩戴前都要根據自己的臉形、發形、膚色、服裝及職業等因素進行綜合考慮。

對個性嫻雅、作風穩健的女性來說，戴耳釘優於佩戴耳環；耳釘所產生的誇張性的裝飾效果遠小於耳環。大多數耳環會產生增寬臉部的視覺效果，這是因為耳環佩戴後會使觀察者的目光橫掃整個臉部。對於瘦臉或臉部較窄的女性來說，適宜戴耳環，耳環應是她們日常佩戴的裝飾品。瘦或窄的臉形，若戴上適宜的耳環，就能起到彌補臉形之不足，增添秀美的作用。

對於本來已是很豐滿的圓臉女性，請注意不能戴那種又大又圓的扣式耳環，因為這種耳環會使人加深臉部豐滿的感覺，使得圓而大的臉看上去更圓更胖。這種臉形的女性可選擇佩戴珠寶串綴而成的耳環，它會使人的視覺感到佩戴者的臉部增長了一些。或者兩耳宜戴小而明亮的單粒鑽石耳釘，一方面因耳釘體積小，不會增加臉部的寬度；另一方面鑽石閃閃發光，易使人的視線集中到臉的中部，使臉形變窄，看上去顯得協調而得體。

對於長方形臉形的女性，裝飾時應注意適當增加臉部橫中線的視覺寬度，例如選擇面積稍大而奪目的鑲有翡翠的耳釘，或短而無墜的圓形耳環，佩戴之後可產生兩耳變大、臉部變寬而顯示出圓潤感的視覺效果。千萬不要選戴蕩環，因蕩環的搖動，將使整個下半部臉變寬，形成不大好看的上小下大的三角臉。

對於瓜子形臉形的女性（這種臉形的特點是上圓下削，或是額大顎尖），裝飾臉形的要領是可少許增大下顎的寬度，從而產生變瘦削為豐滿的視覺效果。所以，既可佩戴花朵狀的耳釘，使人顯得恬靜高雅；亦可佩戴垂式簡練的蕩環，使人顯得活潑、瀟灑。

對於三角形臉形——這種臉形的特徵是上削（額窄）下方（腮部寬），這是一種較難裝飾的臉形。裝飾這種臉形的原則是儘量增大臉上部的寬度，從裝飾後的效果出發，以不戴耳環為好，如果要戴，最多也只能佩戴小巧的半圓珠、單粒小碎鑽石釘、翡翠釘，切忌佩戴蕩環。

以上談了幾種臉形與佩戴耳環的裝飾關係，佩戴耳環還應當注意與服飾搭配協調。很難想像，佩戴著鑲嵌有高檔翡翠耳環的某個人，卻穿著一套運動服，那將會是怎樣的一種視覺效果？顯然是不倫不類、極不協調。佩戴耳環時，如果穿著色彩鮮豔的服裝，又會使耳環的裝飾效果相對削弱。因此，佩戴珠寶耳環時，應該穿著較為淡雅的服裝，才能體現出較好的效果。

另外，佩戴耳環還應與年齡相協調，年輕的少女宜戴三角形、多邊形等造型，動感較強的耳釘、耳環，以塑造充滿青春活力、朝氣蓬勃的形象，而對於製造耳環的材料，卻不一定有太高貴的要求；中年婦女宜佩戴大方、自然的耳釘或耳環，如金耳環、翡翠耳釘，紅寶石、藍寶石耳釘等，以體現成熟、典雅和華貴的風度；老年女性宜佩戴款式傳統老道的耳環，以顯示沉穩、持重。當然，對於如何裝飾自己，是各有其所好、見仁見智的問題，每個人都可根據自身的不同情況，做出不同的選擇。

089 怎樣選購翡翠玉料（原料）？

雲南既是聞名中外，精彩紛呈的動物王國、植物王國和有色金屬王國，又是影響力越來越大的旅遊大省、具有神奇魅力的珠寶大省和翡翠交易的集散地。且不說做珠寶生意的商人熱衷於到中緬邊境，到昆明等地從事翡翠交易，就是到雲南來旅遊的八方朋友，當到了中緬邊境的瑞麗、騰沖、盈江和畹町等地，也會情不自禁地被翡翠這一大自然的精靈所吸引，油然而生出發財致富的意念，想購買那些真真假假的、形形色色、使人琢磨不透的翡翠原料。

許多翡翠原料從礦山開採出來時，都有一層或薄或厚的皮。就是因為蒙有一層皮，使人們對其本來面目“難以把握”，由此更刺激了一部分人們的探尋欲望。大多數情況下，在原料上所開的門子及擦口的狀況，並不能反映整塊玉料的真況，所以，在挑選翡翠時，要注意根據切口及整塊玉料的狀況去研究、判斷綠色的多少和走向，顏色的偏正、濃淡、陽和，透明度的狀況及雜質、裂綹的多少等。特別要考慮從切口處見到的綠，能否深入到玉料內部，因為有許多玉料，開窗處的顏色綠得可愛，但內部卻沒有綠。通常，在選購翡翠原料時，要注意以下幾點：

（1）翡翠原料的切口或一大片都是綠（滿綠），對這樣的情況，一定要仔細分析。翡翠界有言：“不怕一條線，只怕一大片（綠色）”，因為這一片綠常常是沿著綠的走向，即平行於綠的方向切一刀的結果，而實際一大片綠的厚度很可能只有薄薄的一層。

（2）有的玉料，賣主曾認為有高翠，剖開一看，情況若不好，就原封不動黏合起來再出售，購買者須認真觀察欲購的每一塊玉料，若有疑點，可用小刀在玉料上刻劃，找出黏合線。當懷疑玉料上有黏合線時，可將該玉料輕輕放入溫水中，若真有黏合線，則在這一條線的表面會有氣泡溢出。

（3）在大塊玉石原料上只開很小的視窗，有時每個視窗都見綠，對這樣的情況要警惕；若有很多綠，為何不把窗口開大一點呢？這樣的玉料最好不買，或者只給很低的價。

（4）有些玉料上有斷口，切口或敲口，用燈照射時綠得可愛，但表面很粗糙（不拋光），這樣的玉料往往是裂紋太多，透明度不佳，綠不正或綠內有雜質等原因，不敢拋光，一旦拋光，就能看到玉料的缺陷。遇到這樣的情況，可以指定部位讓貨主拋光，拋光後再出價不遲。

（5）若玉料已切下了一小片，這時不但要看大的玉料，還須看切下的小片玉料，要從兩片玉料的合縫處研究綠在整塊玉料上的延伸情況。若只見大玉料，不見小玉料，則可能是小玉料上有大塊綠，或小玉料上的綠色狀況好，而開口的大玉料上的綠變少了——綠色進入大料的可能性小，故賣主不願拿出小片玉料供人觀看。

（6）在挑選翡翠玉料時，以表皮上顏色變化大，並有黑色條帶與斑塊的玉料為佳。那些表皮隱約可見苔蘚物或表皮光潤的玉料也不錯，這些跡象預示玉料內部有綠，且底子潔淨、透明度高、裂紋少。

以上是摩佉等先生在長期的實踐中總結出的經驗，可供欲購買翡翠玉料的朋友參考。值得一提的是，對於翡翠知識有限的大多數的人來說，購買翡翠原料所承擔的風險遠遠大於購買翡翠成品的風險。目前，在雲南省的姐告建成了全國最大的翡翠原料交易市場，翡翠原料的交易正逐步走向規範化。

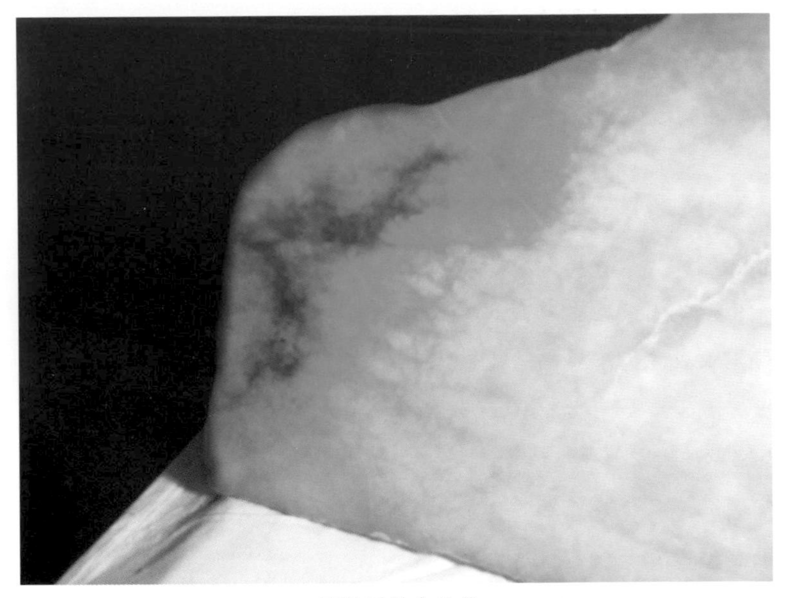

翡翠玉料中的綠

090 珠寶鑒定證書上的標誌代表什麼含義?

消費者在購買中、高檔翡翠飾品時,應向商家詢問所購的飾品是否有鑒定證書,若有鑒定證書,應查看證書上是否有“CMA”、“CAL”或“CNAL”的標記。

CMA——是檢測機構計量認證合格的標誌，具有此標誌的機構為合法的檢驗機構。根據《中華人民共和國產品品質法》的有關規定，在中國境內從事面向社會檢測、檢驗產品的機構，必須由國家或省級計量認證管理部門會同評審機構評審合格，依法設置或依法授權後，才能從事檢測、檢驗活動。

計量認證考核的內容主要是人員的資格（水準）、檢驗設備儀器的準確、精密程度，是否有必要的工作場地和條件，是否有健全的工作、管理規程、規章制度，是否有正確的工作依據和檢驗方法等等。

CAL——是經國家品質審查認可的檢測、檢驗機構的標誌，具有此標誌的機構有資格作出仲裁檢驗結論。具有CMA主要意味著檢驗人員、檢測儀器、檢測依據和方法合格，而具有CAL標誌的前提是計量認證合格，即具有“CMA”資格，然後機構的品質管制等方面的條件也符合要求，由此可以認為，具有CAL則比僅具有CMA的機構，工作品質、可靠程度進了一步。

CNAL——國家級實驗室的標誌。這一標誌，表明該檢驗機構已經通過了中國國家實驗室認證委員會的考核，檢驗能力已經達到了國家級實驗室的水準（CMA、CAL僅表示通過了省級品質技術管理機構的考核、認可）。根據中國加入世貿組織的有關協定，“CNAL”標誌在國際上可以互認，譬如說能得到美國、日本、法國、德國、英國等國家的承認。

以上三個標誌，任何一個都有效，特別是第一個標記CMA，是國家法律對檢測檢驗機構的基本要求。目前，由於市場競爭和消費者的消費心理日益成熟，也由於為了對付珠寶行業日益高超的作假手段，檢測檢驗機構必須不斷提高自己的技術水準、檢測能力和管理手段，因此很多檢測、檢驗機構都同時具備了以上三個標誌，具備了三個標誌所要求的能力和水準。我們可以理解為具有以上三個標誌的鑒定證書，就具備了“三保險”。

珠寶鑒定證書上的標誌
圖的上方：
左一——CMA標誌
左三——CNAL標誌
右一——CAL標誌

同時具有CMA、CAL、CNAL三個標誌的珠寶檢測檢驗機構，在目前有國家珠寶玉石品質監督檢驗中心、中國地大武漢珠寶玉石檢測中心、地礦部上海中心實驗室寶玉石檢測中心、雲南省珠寶玉石飾品質量監督檢驗所等單位。

091 怎樣查閱鑒定證書和質檢報告？

鑒定證書或品質檢驗報告，是翡翠飾品或其他珠寶玉石物品的“身份證”，是對消費者做出品質保證的重要依據，也是法律認可的證據。通常，中、高檔的翡翠飾品都應出具鑒定證書或質檢報告（如雲南省技術監督局和雲南省旅遊局1998年曾發文規定，凡標價在1萬元人民幣以上的珠寶玉石，必須具有品質鑒定證書；2000年6月19日頒佈的《雲南省珠寶玉石飾品質量監督管理辦法》中規定，凡標價在3000元以上的必須出具鑒定證書）。但由於目前國內的珠寶市場是一個正在發展，有待於進一步成熟、有待于加強規範和管理的市場，因此鑒定證書、質檢報告等品質證據、品質標識的管理和製作還存在著一些問題。消費者在購買中、高檔翡翠飾品時，既不能無端懷疑鑒定證書（報告）的正確性和可靠性，也不能迷信鑒定證書（報告）的作用，而應該根據實物，仔細查看。

當前在珠寶玉石市場中，鑒定證書（報告）的管理主要存在問題有：第一，少數商人對具有鑒定證書的商品有意地偷樑換柱，或者因貨物管理混亂造成張冠李戴，使消費者蒙受損失；第二，在珠寶玉石市場中，存在著偽造鑒定證書或篡改檢驗資料、檢驗結論的現象，當然，這種情況極少；第三，有部分商家請某些未經國家法定機構授權的、以贏利為主要目的的機構、企業或個人出具鑒定證書或報告，這類證書的水準參差不齊，有一部分因追求經濟利益而有失公正性。這樣的證書沒有法律效力，一旦因品質問題產生糾紛或導致訴訟，消費者的權益則難以受到法律保護，因為這類證書和報告提供的資料和結論法律機關不予認可。

針對上述問題，消費者在購買翡翠飾品時，對有證書或質檢報告的物品，也不能掉以輕心，應保持一個清醒的頭腦，進行認真地查看。首先看實物與證書上的照片是否吻合、一致，有時，因攝影水準及洗像技術等原因影響證書像片中的飾品與實物的顏色會有一定的差別，這在所難免。第二，還要查看證書（報告）中的關鍵內容。對於大多數消費者來説，不可能（也無必要）看懂證書（報告）中的全部專業技術術語。因此，可重點查看證書中的總品質（俗稱重量）、尺寸及結論等關鍵內容。對於翡翠手鐲，可要求校核手鐲的直徑及重量；對於翡翠掛件、戒面、擺件等，可要求校核其重量和尺寸規格與證書（報告）中的記錄是否相符。第三，應認真查看證書、報告中的文字、資料有無改動的痕跡。第四，看有無法定機構或法定部門授權的機構的品質檢驗專用章。最後，應查看有無鋼印。鋼印內容與質檢章內容是否一致，經過查看後，若沒有什麼問題，那麼這份證書（報告）就是真實、可靠的了。

有的消費者曾提出疑問，雖然證書、檢驗報告上的照片與貨物相符，鋼印、紅章也確是質檢機構的，但如果質檢機構檢驗有誤，或者檢驗人員編造結論怎麼辦？對此，我們可鄭重地向大家解釋：絕大多數質檢人員都是有職業道德、有責任心的，通常不會出現這樣的情況。萬一有這樣的情況，則必須承擔法律責任，新頒佈的《中華人民共和國產品品質法》第57條明確規定：產品品質檢驗機構偽造檢驗結果或者出具虛假證明的，責令改正，對單位處5萬元以上10萬元以下的罰款，對直接負責的主管人員和其他直接責任人處1萬元以上，5萬元以下的罰款，如果有違法所得，則沒收，情節嚴重的，還將追究其刑事責任。

檢驗機構如果偽造檢驗結論或出具虛假證明，是十分惡劣的。因為這是具有主觀因素的故意行為，難逃法網。但若屬技術水準有限或工作中的疏忽大意而導致錯誤，這樣的情況，仍然必須承擔法律責任。《產品品質法》中對這樣的情況有規定，產品品質檢驗機構出具的檢驗結果或者證明不實，造成損失的，應當承擔相應的賠償責任；造成重大損失的，將被撤銷檢驗資格。有法律的制約、保障，人們的合法權益會得到保護，消費者可以放下心來，認真購物。

092 怎樣保養珠寶玉石首飾？

珠寶首飾是人們珍愛的物品，佩戴得體可給人以美感，增姿添彩。但在佩戴使用的過程中，與別的物品一樣，也存在由新變舊，由潔變汙，由亮變暗的變化（當然，高檔的翡翠等寶玉石不會由亮變暗）；用翡翠、軟玉及瑪瑙等做成的玉鐲或掛件等裝飾品雖然比較堅硬，但都具有脆性，容易碰裂或跌碎。為了延長它們的使用壽命，提高使用效果，有必要瞭解一些珠寶首飾的保養知識。

珠寶首飾保養的原則很多，但最通用的原則有如下幾點：

（1）輕拿輕放，避免碰撞與摩擦。一隻珍貴的翡翠手鐲如果不受跌撞，妥善保護，即使幾百年甚至更長時間也不會斷裂，但若與硬物相碰或跌落在硬地板上，則傾刻便會遭到損壞。筆者在從事珠寶檢驗的過程中，就因不小心將被檢的玉鐲掉落在水泥地上，當場就斷裂為數段，只有照價進行賠償。另外還聽說某女士將一隻珍貴的翡翠手鐲戴在右手腕上，她在家剁排骨時，玉鐲撞在砧板上，立即斷為兩段，後悔不已。因此，一定要避免碰撞與衝擊。對於鑲嵌了寶石的首飾，雖然寶石都有一定的硬度，不易被磨損或破壞，但因為一些寶石具有脆性或具有解理，如鑽石、托帕石（黃玉）等，這些寶石不能摔打和敲擊，否則會因其脆性而崩裂。所以，輕拿輕放，避免碰撞，衝擊和摩擦，這是使用和保養首飾首先要注意的問題。

（2）避免高溫，避免和酸、堿溶液接觸。首飾上的許多寶玉石，其物理性質和化學性質並不十分穩定，應避免高溫或長時間在陽光之下暴曬，否則容易褪色；如果接觸到酸、堿溶液，有的寶玉石也會褪色，甚至遭受侵蝕而使局部溶解。

（3）及時取下收藏，在日常生活和工作中，在不需要佩戴首飾時，就應及時取下妥善收藏好。例如在工廠車間內或在農村田間勞動、參加體育活動、洗澡、洗頭、從事家務勞動時候，應及時取下珠寶首飾，以免寶玉石、金銀首飾受到損傷。

（4）經常檢查，防止寶石脫落。鑲嵌在金銀首飾上的寶玉石，一般是靠幾個金銀的小爪子將其固定，往往並不很牢固，所以要隨時檢查，防止鬆動而脫落。即使是用包鑲的方式，也要經常檢查鑲嵌的牢固程度,發現問題時及時作出處理。

（5）及時清洗保存。珠寶首飾暫時不佩戴時，一定要及時清洗後再保存。若不清洗，灰塵和油污在首飾的各個角落裏積存起來，會嚴重影響首飾的光彩，降低其使用品質。

其實，清洗首飾並非難事，對於未鑲嵌的貴金屬首飾，如項鏈、戒指、耳環、掛墜等，可用超聲波清洗器進行清洗。現在不少正規的金店、首飾店中都備有超聲波清洗器，清洗起來快捷、方便而且效果很好。但鑲嵌有寶石的首飾最好不用超聲波洗器清洗，以防止寶石本身存在解理或裂理，受到超聲波的振動後發生損害。對這樣一些首飾清洗時，可取一碗溫熱的清水，在水中加入幾滴中性洗潔精（一般清洗餐具的洗潔精即可），然後用小毛刷（如舊牙刷），或棉花蘸水輕輕擦拭首飾，待污垢清除之後，再把首飾放入清水中漂洗，漂洗後置乾燥通風處晾乾，首飾即可恢復其光亮的本來面目。

對於有開關或有彈簧裝置的首飾，清洗後應適時適量地在開關、彈簧處加潤滑油，以保持其清潔與靈活。

首飾處理完畢後，將其放入首飾盒內保存，放置時宜將寶石朝上，不要與其他物品接觸。不要將多件首飾置入一個盒子中保存，以免首飾間發生相互磨損。若無首飾盒，可用乾淨的軟布包裹首飾。同樣，也不要將多件首飾用同一塊布包在一起。

珍貴高雅的珠寶首飾，經灰塵和油污污染之後，會逐漸失去原有光彩，所以消費者要時時注意對自己的首飾進行保養。使用得當、保養得當，你擁有的珠寶首飾就能天長地久，常戴常新，始終保持其誘人的魅力。

富麗大方的翡翠手飾

093 怎樣識別、換算珠寶玉石及貴金屬飾品的常用計量單位？

由於歷史的、現代的種種原因，珠寶玉石及貴金屬飾品在商業貿易中使用的計量單位多種多樣，有公制、市制、英制及國際單位制。在我國，國務院於1984年2月27日就發佈了在中國應統一實行（使用）法定計量單位的命令。珠寶玉石及貴金屬飾品也不能例外，在標識標籤，檢驗證書與報告及在商品交易過程中，必須使用中華人民共和國法定計量單位。

中華人民共和國法定計量單位是以國際單位制（SI單位制）為基礎的計量單位，國際單位制是在米制、克制基礎上發展起來的單位制。使用國家法定計量單位是對外開放、實現我國經濟與國際接軌的需要，但由於習慣、歷史、地域等因素對於計量單位的使用不可能一下子達到統一。目前（或在今後相當長一段時間內）在珠寶玉石及貴金屬飾品的商品標識中，在一些珠寶書刊中及在商品交易中，仍然會不同程度地使用著各種計量單位。現將與珠寶玉石及貴金屬飾品相關的、較為常見的計量單位及換算關係列入表中。

珠寶玉石、貴金貴飾品常用計量單位換算表

單位制 常用單位	法定計量單位	非法定計量單位	換算關係
一、常用質量（重量）單位	kg（千克） g（克） mg（毫克）	公斤 斤 兩 錢 克拉（ct） 分（point） 金衡盎司（oztr） 珍珠格令 （ptral grain） 格令（gr.gn） 磅（Lb）	1kg =1公斤 = 10^3g = 10^6mg 1斤 = 10兩 = 500g = 0.5kg 1兩 = 10錢 = 50g = 50000mg 1錢 = 5g = 5000mg = 25ct 1克拉（ct）= 0.2g = 200mg 1分 = 0.01 克拉 1克拉 = 100分 1oztr = 31.1035g 1g = 0.03215oztr 1oz = 28.3495g 1g = 0.03527oz 1p.g = 0.25ct = 50mg 1ct = 4p.g 1gr = 64.80mg 1lb = 0.4536kg = 453.6g
二、常用長度單位	m（米） cm（釐米） mm（毫米） μm（微米） nm（納米）	尺 寸 英尺（ft） 英寸（in）	1m = 3尺，1尺 = 0.333 m= 10寸 1cm = 0.3寸，1寸 = 0.333cm 1英寸 = 12英寸 = 0.305m = 305mm 1英寸= 2.54cm = 25.4mm 1m = 10^2cm = 10^3mm = 10^6μm = 10^9nm 1μm = 10^{-6}m, 1nm = 10^{-9}m
三、常用面積、體積、容積單位	m^2（平方米） cm^2（平方釐米） m^3（平方米） dm^3（立方分米）	立方英尺（ft^3） 立方英寸（in^3） 升（L）	1m^2 = 10000cm^2 = 106mm^2 1cm^2 = 100mm^2 1ft^3 = 28.32L , 1m^3 = 35.311ft^3 1in^3 = 16.39cm^3 , 1dm^3 = 1L 1m^3 = 1000L = 10^6ml（毫升）

大陸法制篇

094 目前，與消費者購物活動直接相關的法律法規有哪些？

產品的品質如何，是每一個消費者在購物過程中最為關心的問題之一。珠寶玉石是一項特殊的產品，在這一行業中以假充真、以劣充優的現象會長期存在，且在相當長時期內難以根除。作為消費者，除要增加對有關商品的瞭解、具備必要的常識外，還有必要瞭解相關的法律法規知識，運用法律這一武器、維護自己的合法權益，以形成“品質問題，人人有責；假冒偽劣，人人喊打”的社會氛圍。

國家頒佈的、與消費者購物活動直接相關的法律法規有：

產品品質法

產品品質法是我國關於產品品質監督管理和產品品質責任方面的基本法。該法律於1993年2月22日公佈，於1993年9月1日就已實施。之後，根據市場經濟發展的情況及法律在實施中存在的問題，國家對該法進行了修正，2000年9月1日，修改後的新的產品品質法開始施行。產品品質法全面、系統地規定了國家關於產品品質宏觀管理和激勵、引導的措施，以及生產者、經營者應當履行的產品品質義務，同時具體規定了生產、經營者相應的行政責任、民事責任和刑事責任。例如，消費者在購物過程中（或購物之後）遇到了品質問題，可以按照產品品質法的規定，要求銷售者負責修理、更換或退貨；因品質問題而造成損失的，可依法要求銷售者賠償損失等。

消費者權益保護法

消費者權益保護法，是繼1993年頒佈的產品品質法之後頒佈的，是與消費者購物活動聯繫最為密切的一部重要法律。該法律於1993年10月31日公佈，1994年1月1日開始施行。這部法律被譽為是“消費者的保護神”。10多年來，消費者權益保護法為促進我國市場經濟的發展、保護廣大消費者的合法權益、維護社會正常的經濟秩序，發揮了巨大的作用。

這部法律的核心內容是規定了消費者所具有的權利、經營者應盡的義務、國家對消費者權益的保護措施及經營者如果有違法行為，應該承擔的法律責任。法律中莊嚴指出：國家保護消費者的合法權益不受侵害，經營者與消費者進行交易時，應當遵守自願、平等、公平和誠實信用的原則。除此還指出，保護消費者的合法權益是全社會的共同責任。國家鼓勵、支援一切組織和個人對損害消費者合法權益的行為進行社會監督。消費者在購物活動中，如果發現經營者未履行法定義務，或有違法行為，使自己的正常權益受到侵害，可依照法律的規定，根據具體情況，選擇協商、調解、申訴、提請仲裁或起訴的方法，使存在的問題得以解決。

標準化法、標準化法實施條例

為發展經濟，促進技術進步，提高產品品質、提高產品的經濟效益，維護國家、企業和人民群眾的利益，國家早在1988年12月12日就已頒佈了《中華人民共和國標準化法》，於1990年4月6日又頒佈了《中華人民共和國標準化法實施條例》。在標準化法實施條例中，規定了在工業產品、農業產品等七大領域內應當制定標準；在標準化法第二章第七條中規定，國家標準、行業標準分為強制標準和推薦性標準。保障人體健康、人身財產安全的標準，以及法律法規規定強制執行的標準是強制性標準。強制性標準以外的標準是推薦性標準，但推薦性標準一旦被採用，則被採用的條款和內容便具有強制性。

在珠寶玉石行業，主要有三個國家標準。這三個標準分別是GB/T16552-2003《珠寶玉石名稱》、GB/T16553-2003《珠寶玉石鑒定》和GB/T16554-2003《鑽石分級》。目前，我們開展珠寶玉石品質監督與檢查工作的技術依據，主要用這三個標準。處理珠寶玉石飾品的品質問題，如品質爭議等，則是以法定的檢驗機構出具的檢驗資料為准，根據技術標準中的規定，做出判定或裁決。

計量法、計量法實施細則

消費者在購物過程中，也許有時會遇到短斤少兩，數額不足的情況。短斤少兩等行為也是一種坑蒙欺騙行為，人們對此深惡痛絕。國家早在1985年9月6日就頒佈了《中華人民共和國計量法》，並於1987年2月1日發佈《中華人民共和國計量法實施細則》，計量法和計量法實施細則的頒佈，使計量工作走上法制的軌道，也使處理因計量問題導致的糾紛有法可依。在珠寶玉石行業中，計量問題較以假充真、以次充好等問題要少得多，程度上也輕得多，儘管如此，但仍然不能忽視，譬如對鑽石品質（俗稱重量）的計量，稱量值哪怕只比實際值多出幾分，甚至只一分，也會使消費者蒙受較大的損失。

095 珠寶經營者必須履行哪些法定的義務？

在《產品品質法》和《消費者權益保護法》等法律中，都反復強調、明確規定了經營者必須履行的義務。具體說來，珠寶商在向消費者提供商品或服務的過程中，應該履行如下義務：

（1）對自己經營的珠寶玉器，必須要做出正規、準確的標識，對商品的情況應向消費者作真實的介紹或說明。這裏所說的正規、準確的標識，是指珠寶玉石的標籤必須按照國家標準中的規定認真地填寫。例如對天然翡翠（翡翠A貨），應按國家標準規定填寫為“翡翠”：對翡翠B貨或C貨，應寫“翡翠（處理）”，不得填寫“緬玉”、“玉件”或其他名稱。對“處理”二字應作正確、清楚的說明，不得含糊其詞使人產生誤解。

（2）在不違反法律的前提下，經營者和消費者有約定的，或經營者對消費者做出過承諾的，應當按照約定履行義務或兌現承諾。如有的珠寶商以品質保證卡或其他形式對消費者做出“假一賠十”、“發現一件假貨獎勵500元”等等承諾，這是很好的事。但少數商人僅將承諾和保證當作促銷或引人購物的手段，極少數銷售者在漂亮承諾的幌子下，公然出售假貨。當以假充真的行為被發現後，則以種種歪理進行抵賴，拒不履行自己的諾言，這是不被允許的。經營者對自己做出的承諾或保證，必須嚴格履行，不得無理拒絕或故意拖延。

（3）對所出售的商品必須明碼標價。亂標價或不標價的現象在珠寶市場中比較突出，許多消費者對珠寶飾品的價格十分不理解，心存深深的畏懼，這不利於這一行業的繁榮與發展。標價與成交價的比值怎樣才算基本合理，成為人們普遍關心並亟需理順的一個問題。

（4）在珠寶玉石的經營活動，經營者應當按照國家有關規定或商業慣例，向消費者出具購物發票。消費者則應該注意，在購買珠寶飾品時，應及時索要購物憑證，並認真查看票據上填寫的商品名稱是否與經營者口頭介紹時的情況相符。

如果購物時沒有發票等起碼的購貨憑證，對於消費者來說，則意味著要付出風險和代價。我們在工作中遇到過這樣的情況，消費者購買了珠寶物品後經檢驗、鑒定發現了問題，但卻退不了貨，討不回起碼公道。退貨時有的商家斷然否認有問題的珠寶是由自己的商店售出的。極少數商家對消費者故意玩弄欺騙手段，如在成交之前將自己櫃檯中某件經過處理的翡翠的品質吹得天花亂墜，使沒有常識的消費者高價購買，但在發票上卻十分潦草地寫出了這件翡翠的真況——翡翠（處理），當買主發現問題後要求退貨時，經營者則聲稱自己在成交前就已說明了真實情況，使很好處理的一個問題變得很難辦，甚至沒法辦。所以消費者在拿到了發票時也不能大意，要認真查看發票的內容。

（5）經營者必須規範、端正自己的言行，不得妨礙消費者的人身自由，對消費者就珠寶方面提出的詢問，應當做出及時、明確的答案，應認真聽取消費者對其提供的商品或服務的意見，接受消費者的監督。

096 如果經營者侵害了消費者的合法權益，應承擔哪些法律責任？

《消費者權益保護法》第七章中做出規定，經營者有下列情形之一的，應當依照《中華人民共和國產品品質法》和其他有關法律、法規的規定，承擔民事責任：

（1）商品存在缺陷的；

（2）不具備商品應當具備的使用性能，而出售時未作說明的；

（3）不符合商品說明、實物樣品等方式表明的品質狀況的；

（4）銷售的商品數量不足的；

（5）對消費者提出的修理、重作、更換、退貨、補足商品數量、退還貨款和服務費用或者賠償損失的要求，故意拖延或者無理拒絕的；

（6）經營者對消費者進行侮辱、誹謗、搜查消費者的身體及其攜帶的物品，侵害了消費者的人格尊嚴或者侵犯了消費者人身自由的；

（7）經營者以郵寄方式提供商品，但未按照約定方式提供的；

（8）對國家規定或者經營者與消費者約定包修、包換、包退的商品，一旦出現問題，而未承擔三包責任的；

（9）經品質檢驗、鑒定後，判定為不合格的商品，消費者要求退貨，而經營者不退的；

（10）法律、法規規定的其他損害消費者權益的情形。

以上10條中第1條所述的商品（產品）缺陷，是指商品（產品）存在著危及他人人身、財產安全的不合理危險，並造成了消費者的人身傷害或者財產損失。民事責任，是指公民或法人在民事法律關係中應負的責任。承擔民事負責的方式有：

（1） 停止侵害；

（2） 恢復原狀；

（3） 消除影響，恢復名譽，賠禮道歉；

（4） 修理、重作、更換；

（5） 包修、包換、包退或履行相關的品質保證責任；

（6） 退還貨款或者服務費；

（7） 退還多收的貨款或者服務費；

（8） 補齊商品數量或者服務內容；

（9） 賠償損失。

上述9條承擔方式，根據實際情況可單獨適用，也可合併適用。值得指出的是，在守法這個問題上，人人地位都是平等的，在購物的過程中，由於消費者的過錯，致使經營者的合法權益受到侵害的，消費者亦當承擔相應的法律責任。

097 對於經營活動中的違法行為，國家有哪些處罰規定？

珠寶玉石是特殊的產品和商品，我們目前面臨的珠寶市場，是一個有了很大改善，但還必須進一步走向規範化的市場。在前階段及現階段，珠寶玉石經營活動中的假冒偽劣等違法行為時有發生。根據珠寶玉石經營活動中違法行為的分類及特徵，我們不難從國家有關的法律中找到處罰規定。

經營者以假充真、以次充好的，如將染色石英岩（馬來玉）冒充高檔翡翠戒面、用翡翠B貨冒充天然優質翡翠等行為，按照《產品品質法》第50條的規定，責令停止銷售，沒收違法銷售的產品，並處違法銷售產品貨值金額50%以上，3倍以下的罰款；有違法所得的，並處沒收違法所得，情節嚴重的，吊銷營業執照。這裏所說的貨值金額，是指珠寶玉石實際所值的價值，如果不好定價時，以價值評估機構評估的價值為准。

在經營活動中偽造他人的企業名稱、企業位址的，偽造品質標誌的，如有的商店、商場曾出現過自己印製品質監督檢驗機構的珠寶玉石品質檢驗合格卡，有的商家自己製作“品質定點檢驗單位”、“品質信得過單位”匾牌。對於這一類行為，按《產品品質法》第53條的規定，責令改正，沒收違法銷售的產品和擅自印製的品質標誌，並處違法銷售產品貨值金額等值以下的罰款：有違法所得的，並處沒收違法所得。對於情節嚴重的，依法吊銷營業執照。

對於在珠寶玉石經營活動中，對品質檢驗合格標識如質檢合格卡、檢驗合格報告、鑒定證書進行偷樑換柱、張冠李戴的，一經查出，也可按《產品品質法》第53條的規定給予處罰。

修正後的《產品品質法》不但對生產者、經營者的行為做出了嚴格的規定，對產品品質檢驗機構、社會團體、社會仲介機構的行為也做出了嚴格的規範性的要求。法律的第57條明確規定：產品質檢機構、認證機構偽造檢驗結果或者出具虛假證明的，都必須承擔法律責任，受到法律的嚴厲制裁，產品品質認證機構違反《產品品質法》的有關規定，對不符合認證標準，而使用認證標誌的產品，應依法要求其改正，或者取消其使用認證的資格；對因產品不符合認證標準而給消費者造成了損失的，必須與生產者、銷售者承擔連帶責任，或者說共同承擔責任；情節嚴重的，撤銷產品認證機構的認證資格。法律的第58條規定：社會團體、社會仲介機構對產品品質做出承諾、保證，而該產品又不符合這些團體、機構承諾和保證的品質要求，給消費者造成損失的，與產品的生產者、銷售者承擔連帶責任。在珠寶玉石市場中，我們有時可以看到某個珠寶店門口掛著有由某消費者協會、某珠寶協會或某質檢機構授予的“消費者信得過產品”、“先進商場”等一類匾牌，因為掛有這些牌子，使消費者產生和增加了對商家和所購物品的信任度，從而放心地購物，如果掛有匾牌的商店、商場中出現了品質問題，使購物者造成損失，那麼，這個責任必須由商家和授匾牌的團體或機構共同來承擔。

對商品作宣傳，介紹是市場中隨處可見的事，但宣傳必須真實準確、恰如其分。《產品品質法》嚴禁對產品品質作虛假宣傳的行為發生。法律的第59條規定，在廣告中對產品品質作虛假宣傳，欺騙和誤導消費者的，將依照有關法律的規定追究法律責任。在珠寶行業中，也肯定有廣告行為，比如“天然珠寶，美好人生，相伴永遠”、“商場無假貨、貨真價更實”，如果店中所售之珠寶皆為天然，且品質不錯，確實有紀念意義和保存價值，則做這樣的廣告屬於正常行為；但若店中存在著合成寶石，或處理過的珠寶玉石且不作標明。則其廣告詞就起著欺騙和誤導的作用，誘人上當，這是法律所不允許的。

《消費者權益保護法》對經營者的違法行為的處罰，作了更多詳細的規定，該法第50條規定：有下情形之一的，都必須依法處罰：

（1）生產、銷售的商品不符合保障人身、財產安全要求的；

（2）在商品中摻雜、摻假、以假充真、以次充好或者以不合格商品冒充合格商品的；

（3）生產國家明令淘汰的商品或銷售失效、變質商品的；

（4）偽造商品的產地、偽造或者冒用他人的廠名、廠址、偽造或者冒用認證標誌、名優標誌等品質標誌的；

（5）銷售的商品應當檢驗、檢疫而未檢驗、檢疫或偽造檢驗、檢疫結果的；

（6）對商品或者服務作引人誤解的虛假宣傳的；

（7）對消費者提出的修理、重作、更換、退貨、補足商品的數量、退還貨款和服務費用或者賠償損失的要求，故意拖延或者無理拒絕的；

（8）侵害消費者人格尊嚴或者侵犯消費者人身自由的；

（9）法律、法規規定的對損害消費者權益應當予以處罰的其他情形。

098 在珠寶經營中，什麼是以假充真、以次充好的行為？

在新的（修正過的）《產品品質法》中，第39條規定：“銷售者銷售產品，不得摻雜、摻假，不得以假充真、以次充好，不得以不合格產品冒充合格產品”。該法律第50條又做出規定：“在產品中摻雜、摻假，以假充真，以次充好，或者以不合格產品冒充合格產品的，責令停止生產、售銷、沒收違法生產、銷售的產品，並處違法生產、銷售產品貨值金額百分之五十以上三倍以下罰款，……情節嚴重的，吊銷營業執照；構成犯罪的，依法追究刑事責任”。

珠寶玉石是和廣大消費者的生活相關的特殊產品，我國珠寶業的興起和珠寶市場的初步繁榮僅有短短10多年時間，儘管政府和有關部門不斷在規範這一市場的秩序，但由於這一行業的特殊性，珠寶市場中真假混雜，以假充真的現象仍然存在。作為消費者來說，什麼是真，什麼是假，還真有點分不清楚、弄不明白，因為市場中除銷售天然的珠寶玉石外，還有不少合成寶石、人造寶石、拼合寶石以及經過優化處理的珠寶玉石。以翡翠為例，市場中天然的、經過處理的（B貨、C貨）常常同時並存，公開銷售。那麼，到底什麼才叫假貨，什麼才叫以假充真，以次充好呢？簡言之，珠寶玉石的假貨，就是實物與商品名稱、實物與品質標識、實物與檢驗鑒定的結果不相符合。具體說來，以假充真包括以下行為：

（1） 染色、充填、輻射、鍍膜、鐳射打孔，表面擴散處理的珠寶玉石，不作標注和說明，冒充天然珠寶玉石。

（2） 合成、人造、拼合、再造的珠寶玉石，不作標注和說明，冒充天然寶玉石。

（3） 標識、標籤等名稱與實物狀況不相符合者。如標識上寫著翡翠掛件，而實物卻是獨山玉或綠玉髓等。

以假充真的情況，在現有的科技手段面前很好辨別，較易解決；而以次充好的問題，則情況比較複雜，主要原因是在這一行業除了鑽石以外，國家還沒有一套評定珠寶玉石品質高低（品級高低）的標準，而人們對珠寶玉石的品質評判和審美觀點乂各不相同，因此，什麼是好，什麼是次，這方面難以把握，有較大的彈性空間，這也是正常的。需要指出的是，評價珠寶玉石品質優劣還是有規律可循的，而且千百年來人們在實踐中也摸索、歸納和總結出一系列評價珠寶玉石品質高低的指標。這些指標是行之有效的，基本可用之界定和劃分珠寶玉石品質的優劣、品級的高低。

以次充好，可以理解為在同一品種寶玉石中，以低檔品充作中、高檔品，以中檔品充作高檔品，從而在價格上高得過於離譜。再以翡翠為例，若將透水白品種的翡翠當老坑玻璃種翡翠出售，賣出天價；將油青種的翡翠賣到芙蓉種、藍花冰品種的價格等等，就屬於以次充好行為。真與假之間，存在著質的不同；而次與好之間，常常是材料、成分相同而品質指標不同。

099 在購買珠寶首飾的過程中，發生了糾紛怎麼辦？

消費者和經營者發生權益爭議時，可以通過下列途徑解決：

（1） 雙方共同協商，達到和解；

（2） 請求有關行政部門、消費者協會調解；

（3） 雙方達成仲裁協定，提請仲裁機構仲裁；

（4） 向人民法院提起訴訟。

綜合上述四條，即解決購物過程中的糾紛的辦法有4種：協商、調解、仲裁和起訴。具體來説，當消費者在購買珠寶玉石的過程中，發現所購之物與檢驗標識，鑒定證書、檢驗報告及商品標識不符時，或所購之物與商家的介紹不符，或一旦發現商家的承諾不能兑現，可找商家要求更換、退貨或要求賠償一定的物質上和精神上的損失。在這個過程中常常會引起爭議和糾紛，解決爭議糾紛首選的辦法，就是經營者和消費者能本著妥善解決問題的態度，進行認真的協商，取得一致的意見；如果不願意協商，或協商無效，雙方（或單方）可以請技術監督部門、工商行政管理部門及消費者協會等單位予以調解，達成調解協定，解決存在的問題、停止糾紛；若不願意調解或調解不成的，或對於一些技術品質指標、檢驗資料、珠寶定名等問題雙方各執己見，爭論不休時，當事的雙方可根據實際存在的問題達成仲裁協議，向仲裁機構申請裁決。珠寶玉石品質的仲裁機構，通常為省級或國家級的珠寶玉石品質監督檢驗部門，或為品質技術監督部門聘請、授權的專家組；若當事人之間沒有仲裁協定或達不成仲裁協定的，可以直接向人民法院起訴，人民法院將依照法律的規定，按照法定的程式對品質問題做出公正的判決。

對於一般的品質問題，當事人之間最好採用協商的方式，使問題得到解決；若難以協商，也要本著實事求是、切實解決問題的態度，接受有關部門和組織的調解；對於技術上、品質上的疑難問題，則選擇仲裁解決的方式為佳；至於向法院起訴，那是無路可走時的最後的辦法。當然，也是能夠找到一個公正“說法”的辦法。

100 國家對貴金屬飾品的標識有何管理規定？

在翡翠市場中，可說金玉相伴相隨，金玉相輔相成，金玉相映生輝。人們在購買翡翠項鏈、翡翠胸墜、翡翠耳釘等飾品時，就是玉與貴金屬一起買。因此，我們有必要瞭解一點有關貴金屬的常識。

貴金屬飾品，是指由金、鉑、銀等稀少、貴重的金屬材料及其合金製成的裝飾品。隨著我國的經濟不斷發展和繁榮，人們對貴金屬飾品的消費日益增多。為了規範貴金屬飾品的標識、引導金銀飾品的生產、經營企業正確標注和檢查金銀飾品標識,保護用戶、消費者和企業的合法權益，從而達到繁榮市場、促進經濟進步的目的。國家品質技術監督局於1999年3月29日對相關行業印發了《金銀飾品標識規定》，此規定以法規的形式頒佈，已於1999年12月1日在全國範圍內正式施行。

該法規規定了國家品質技術監督局負責全國金銀飾品的監督管理工作，各級品質技術監督局負責本行政區域內的金銀飾品標識的監督管理工作。所以，用戶、消費者和企業在金銀飾品的消費、生產和經營過程中，當發現了與標識相關的品質技術問題，可以向品質技術監督部門提出規範市場、提高產品品質的建議、意見和要求，品質技術監督部門有責任和義務對這一市場進行監督、檢查和指導，並切實解決好有關品質問題。

金銀飾品的標識，包括飾品印記和銷售過程中的其他標識物（如標籤、產品品質檢驗合格證明等）兩大類。《金銀飾品標識管理規定》中明確指出，經營者不得經營無印記、無標識物及標識內容不規範、標識內容與實物不相符合的金銀飾品；對於貴金屬飾品的印記，應當由生產者列印在飾品的適當位置，印記應當包括材料名稱、含金（鉑、銀）量。但單件金銀飾品重量小於0.5克或確實難以打上印記的，印記內容可以免除；每件金銀飾品必須具有其他標識物，其他標識物可以是一個或數個，其他標識物的內容應當包括：

（1） 金銀飾品名稱；

（2） 材料的名稱；

（3） 含金（銀、鉑）量及總重量；

（4） 生產者名稱、位址、產品編號；

（5） 產品品質檢驗合格證明；

（6） 按重量銷售的金銀飾品還應標出重量。

材料名稱、含金量應該按照國家標準GB/T1187-2000《首飾貴金屬純度的規定及命名方法》的規定執行。

對於進口的金銀飾品，在標識物中可以不標注生產者的名稱和地址，但須標明該產品的原產地（國家或地區），以及代理商、進口商或銷售商在中國依法登記註冊的名稱、地址。

就我國現階段的情況來看，金銀飾品市場較珠寶玉石市場要規範得多、成熟得多。可以樂觀地説，隨著國家《金銀飾品標識管理規定》的頒佈執行，這一市場將進一步走上正軌，從而與國際慣例接軌，消費者在購買金屬飾品時，只要認真查看飾品印記和標識物，就基本上能做到對所購飾品的品質心中有數。

主要參考文獻

1.國標GB/T16552-1996～2003. 珠寶玉石名稱

2.雲南省地方標準.翡翠分級.2003-3-1

3.余平，李家珍主編.翡翠及商貿知識.北京：中國地質大學出版社，1992

4.張蓓莉，王曼君等.系統寶石學.北京：地質出版社，1997

5.摩依，史清琴等.翡翠成品的商業等級評價.珠寶科技，1998-3

6.王曙.怎樣識別珠寶.北京：地質出版社，1988-10

7.歐陽秋眉.翡翠鑒賞.香港天地圖書有限公司，1993-8

8.馬羅磯，馬羅剛.翡翠商貿古今漫筆.雲南珠寶文集，2002-12

9.張竹邦.翡翠探秘.昆明：雲南科技出版社，1993

10.嚴陣.翡翠——幸福幸運之石.北京：中國地質大學出版社

11.王根元，申柯婭，王昶.珠寶玉石知識問答.北京：中國地質大學出版社，

1999

12.田樹穀.珠寶八百問.北京：地質出版社，2001

13.戴鑄明（金承）.對翡翠顏色進行定量評定的探索.珠寶科技，2002（1）

14.李兆聰.寶石鑒定法.北京：地質出版社，1991

15.王時麒.翡翠市場“四大殺手”剖析.新世紀的寶石學.2000年北京國際珠寶首飾學術會議資料

16.趙明開.緬甸翡翠的礦物及自然類型.雲南省珠寶玉石質檢人員培訓班教材

17.戴鑄明.應逐步建立我國珠寶玉石標準體系.珠寶科技，1998（2）.應加快建立珠寶玉石標準體系的步伐.中國地質大學武漢珠寶學院：21世紀首屆全國珠寶學術會議論文集

18.崔文元等.緬甸翡翠（輝石玉）的分類.中國寶石，1998-3

19.張蓓莉，孫鳳民.玉器評估.中國寶石，2000-3
20.中華人民共和國產品品質法
21.中華人民共和國消費者權益保護法
22.GB/T1187-2000.首飾貴金屬純度的規定及命名方法
23.張位及.翡翠原石的作假手法與鑒別（內部資料）
24.姚鎖柱，錢天宏.緬甸翡翠礦床地質簡介.雲南地質，1998（17）
25.孟曉君.戒指.中國寶石，2000（1）
26.李睿.翡翠巨作，四大靈山.中國寶石，1993（2）
27.徐軍.翡翠賭石技巧及鑒賞.昆明：雲南科技出版社，1993
28.洪季.翡翠四寶稀世奇珍.中國寶石，1992（1）
29.胡鶴麟.翡翠加工源流初探.雲南珠寶文集，2002-12
30.戴鑄明（金承）.談翡翠飾品質量分級的綜合指標.中國寶玉石，2001（3）
31.艾石.談談貴重寶石的投資.珠寶科技，1998（4）
32.歐陽秋眉.天龍生翡翠及其對市場的影響.中國寶石，2002（1）
33.潘建強，吳明涵等.翡翠—玉石之冠.北京：地質出版社，1999
34.黃國君，和磊等.玉雕白菜及其文化意義.中國寶石，2004（3）
35.曹海英.拍賣的範圍和特點.中國礦業報.財富珠寶週刊，2000-6-29
36.戴鑄明（金承）.再論翡翠的“底”.中國寶玉石，2003（2）
37.王時麒等.水沫子—鈉長石玉的研究.全國寶玉石報，1998-3-27
38.譚繼寬，楊周奇.縝緬寶玉石雙變成礦帶.昆明理工大學國土資源工程學院地球科學系

翡翠鑑賞選購事典 / 戴鑄明著. -- 二版. -- 臺北市 : 笛藤, 2020.01
面； 公分
ISBN 978-957-710-777-0(平裝)
1.珠寶業 2.購物指南
486.8 108022761

2020年1月23日 二版第1刷 定價NT$400

作者 / 戴鑄明

封面設計 / 王舒玗

內頁編排 / 智聯視覺構成工作室

總編輯 / 賴巧凌

發行人 / 林建仲

發行所 / 笛藤出版圖書有限公司

地址 / 台北市中山區長安東路二段171號3樓3室

電話 / (02) 2777-3682

傳真 / (02) 2777-3672

總經銷 / 聯合發行股份有限公司

地址 / 新北市新店區寶橋路235巷6弄6號2樓

電話 / (02) 2917-8022

傳真 / (02) 2915-6275

製版廠 / 造極彩色印刷製版股份有限公司

地址 / 新北市中和區中山路2段340巷36號

電話 / (02)2240-0333 · (02)2248-3904

劃撥帳戶 / 八方出版股份有限公司

劃撥帳號 / 19809050